Golden Retriever

Peter Wolffen

Golden Retriever

Anschaffung · Haltung · Erziehung

FALKEN

Inhalt

Ein Jagdhund macht Karriere

Das Geheimnis des Golden Retriever

Selbst bei Liebhabern anderer Hunderassen gilt der Golden Retriever als einer der schönsten Hunde der Welt. In Deutschland wurde er gerade in mehreren Zeitschriften auf einer frei nach Hundeschnautze aufgestellten Sympathieskala sogar zum beliebtesten Hausgenossen ernannt.
Soviel Zuneigung hat durchaus objektive Gründe, die viel über das Tier und über uns Menschen aussagen: Mit der ebenso eleganten wie kraftvollen Statur dieses Hundes assoziieren wir Harmonie und Stärke. Sein wohlgeformtes, freundlich wirkendes Gesicht flößt Vertrauen ein. Der Golden Retriever ist ein Hund, den viele sich als treuen Freund und als Beschützer seiner Kinder wünschen.
Die Ursachen dafür sind zunächst optisch: Fast gleichlang sind der leicht gerundete Oberschädel des Golden und sein mit ausgeprägtem Stop abgesetzter, kräftiger Fang. Die weit auseinander stehenden dunkelbraunen Augen wirken durch die Umrandung mit dunklem Lidstrich noch größer. Hier rührt uns Menschen das von Verhaltensforscher Konrad Lorenz als „Kindchenschema“ bezeichnete Phänomen: Unsere Prägung auf die Grundzüge eines Babys oder Kleinkinds mit rundem Kopf und großen Augen nimmt uns sogleich für diese schutzbedürftigen Wesen ein.
Kein Wunder, daß auch die Werbung den blonden Hund bevorzugt als Symbol für Harmonie, Sauberkeit, Stärke und Zuverlässigkeit einsetzt – durchaus mit Recht. All das, was der vom Jagd-begleiter zum Familienmitglied avancierte Hund zu versprechen

Golden Retriever sind nicht nur ausgesprochen schön, sondern sie haben auch einen liebenswürdigen Charakter und viel Charme

scheint, kann er auch halten. Er ist sanftmütig und treu, absolut loyal und immer aufmerksam.
Bestätigt wird dieses Lob auch durch ein sachlich-nüchternes Rasseprofil (siehe Seite 13), das Eigenheiten, Wesen und Verhalten des Golden berücksichtigt und sich weitgehend an den Erwartungen und Anforderungen orientiert, die der Mensch an diesen Hund stellt.
Allein in Deutschland erliegen immer mehr Hundefreunde dem Charme des Golden Retriever. Und immer mehr züchten die noch vor wenigen Jahren eher seltene Rasse. Armgard de la Motte, Golden-Zuchtwartin im Deutschen Retriever-Club, ist – wie alle ernsthaften Liebhaber dieser Rasse – darüber keineswegs glücklich. Denn in steigendem Maß versuchen nur auf kommerziellen Profit bedachte Wildzüchter mit der Sehnsucht nach dem perfekten Hund Geld zu verdienen. Sie betreiben skrupellos Massenzucht, fälschen Stammbäume und vernachlässigen Zucht- und Hygienevorschriften (siehe Seite 83–85). Vor allem durch Inzucht werden dabei Charakter und Aussehen der Tiere ruiniert.

Kleines Rasseportrait

Abstammungsgeschichte des Golden Retriever

Die meisten der heute etwa 180 Jagdhunderassen entstanden auf den britischen Inseln. Auch die Retriever („to retrieve“ = aufspüren, herbringen, apportieren“) gehören dazu.
Einst waren Setter und Spaniels, Otterhounds und Pudel, Pointer und Terrier die ersten Hunde mit der Berufsbezeichnung „Retriever“ – lange bevor es die heutigen sechs Retriever-Rassen gab. Die entstanden erst im 19. Jh., tragen aber immer noch das Erbe an Gestalt ihrer Vorgänger und deren Fähigkeiten bei der Nachsuche, der „Jagd nach dem Schuß“ mit sich.
Entscheidend geformt wurden sie damals durch Hunde aus Übersee – klein der stockhaarige Hund von St. John´s auf Neufundland, groß der langhaarige Labrador. Beide kamen mit dem Kabeljauhandel zwischen Neufundland und Südengland erstmals auf die britischen Inseln. Die St. John's-Hunde apportierten Fische, die aus den Netzen fielen, schleppten selbst bei hohem Seegang und in eiskaltem Wasser Bootsleinen schwim-

Golden Retriever brauchen viel Bewegung an frischer Luft

Für Herrchen apportiert! Stolze Präsentation der Jagdbeute

mend zum Pier und leisteten an Land als Jagd- und Apportierhunde hervorragende Dienste.
Woher diese Tiere ursprünglich stammten, gehört zu den vielen Rätseln in der Geschichte der Hunderassen. Fest steht, daß ihre Urenkel in England zu den Stammvätern der heutigen Retriever-Rassen wurden. Aber nur für den Golden kann die „Bibel der Hundeausstellungen“, der Katalog der Crufts Dog Show in London, erstmals 1960 feststellen: „Der Ursprung des Golden Retriever ist weniger umstritten als der der meisten anderen Retriever-Arten . . .“

1868 paarte der Schotte Sir Dudley Coutts Marjoribanks, der spätere Lord of Tweedmouth, den Retrieverrüden Nous und die Tweed Water-Spanielhündin Belle. Aus dieser Paarung lassen sich alle Golden Retriever ableiten.
1908 wurden Retriever aus dem Zwinger von Lord Tweedmouth und aus anderen Zuchten, deren Bestand durchweg mit Tieren des Schotten durchkreuzt worden war, in England erstmals öffentlich ausgestellt.
Zunächst galten sie noch ihres Haarkleids wegen als Unterart des Flat Coat Retrievers (heute Flat coated genannt). Erst 1913 erhielt die Rasse einen eigenen Status, Golden oder Yellow Retriever, ab 1920 dann ihren heutigen Namen: Golden Retriever.
Lord Tweedmouth, nach heutigem Verständnis ein fast wissenschaftlich exakter Züchter, hatte über Jahrzehnte genau Buch geführt und damit die Rassenfrühgeschichte des Golden genau dokumentiert.

Der Golden Retriever und seine Verwandten

„Die Retriever oder Apportierhunde bilden eine besondere englische Rasse, welche erst in neuerer Zeit entstanden und auf dem Continent nur wenig

Labrador Retriever

Herkunftsland:
Großbritannien

Erscheinungsbild:
Körperbau: mittelgroß, kräftig, kompakt, breiter Oberkopf, Brust und Rippenkorb tief und gut gewölbt, „faßförmiger" Rippenkorb
Größe: Rüden 56–57 cm, Hündinnen 54–56 cm
Haarkleid: kurz, dicht, fühlt sich ziemlich hart an, wasserabweisende Unterwolle
Farbe: schwarz, gelb oder leber-/schokofarben

Wesen und Charakteristika:
Der Labrador hat ein freundliches Wesen, ohne Anzeichen von Aggressivität oder Scheu. Stets aufgeweckt und sehr anpassungsfähig, ist er immer bemüht zu gefallen. Aufgrund seiner feinen Nase und seines weichen Mauls ist er auch ein guter Apportierhund.

Golden Retriever

Herkunftsland:
Großbritannien

Erscheinungsbild:
Körperbau: mittelgroß, kraftvoll, harmonisch
Größe: Rüden 56–61 cm, Hündinnen 51–56 cm
Haarkleid: mittellang, glatt oder leicht gewellt, mit dichter wasserabweisender Unterwolle; gute Befederung
Farbe: jede Schattierung von gold oder cremefarben, nie rot oder mahagoni

Wesen und Charakteristika:
Der Golden ist ein freundlicher, lebhafter und zutraulicher Hund mit einem ausgeglichenen Wesen. Er hat eine natürliche Anlage zu arbeiten und einen hervorragenden Apportiertrieb. Aufgrund seiner Belastbarkeit und Anpassungsfähigkeit ist er auch ein idealer Familienhund.

Nova Scotia Duck Tolling Retriever (kurz: Toller)

Herkunftsland:
Kanada

Erscheinungsbild:
Körperbau: mittelgroß, kraftvoll, kompakt, harmonisch
Größe: Rüden 48–51 cm; Hündinnen 45–48 cm
Haarkleid: mittellang, weich, auf dem Rücken manchmal leicht gewellt, mit dichter Unterwolle, gute Befederung
Farbe: verschiedene Schattierungen von Rot oder Orange; i. d. R. mind. 1 weiße Farbmarkierung an Brust, Blesse, Pfoten o. Rutenspitze

Wesen und Charakteristika:
Der Toller ist ein überaus flinker und wachsamer Hund. Er ist sehr intelligent, gelehrig und hat große Ausdauer. Er besitzt einen ausgeprägten Apportiersinn und ist immer zum Spielen aufgelegt.

Curly Coated Retriever	Chesapeake Bay Retriever	Flat Coated Retriever
Herkunftsland: Großbritannien	**Herkunftsland:** Amerika	**Herkunftsland:** Großbritannien
Erscheinungsbild: *Körperbau:* groß, kräftig, robust und trotzdem elegant *Größe:* Rüden 64–68,5 cm, Hündinnen 59–63,5 cm *Haarkleid:* dicht, wasserabweisend, mit kleinen, harten Locken (curls) *Farbe:* schwarz oder braun (leberfarben)	**Erscheinungsbild:** *Körperbau:* mittelgroß, kräftig, ausgewogen, Hinterhand eine Spur höher als Schultern *Größe:* Rüden 58–66 cm, Hündinnen 53–61 cm *Haarkleid:* dicht, kurz, wasserabweisend, mit dichter feiner, molliger Unterwolle; an Schultern, Hals, Rücken und Lenden leicht gewellt *Farbe:* jede Farbe von braun, Binse oder totem Gras ist annehmbar	**Erscheinungsbild:** *Körperbau:* mittelgroß, kräftig, aber sehr elegant, mit im Gegensatz zu den anderen Retrievern sehr schmalem langem Kopf *Größe:* Rüden 58–61 cm, Hündinnen 56–59 cm *Haarkleid:* lang, glatt, glänzend, Läufe und Rute dicht befedert *Farbe:* schwarz oder braun
Wesen und Charakteristika: Der Curly ist ein feinfühliger und freundlicher Begleiter, Fremden begegnet er etwas zurückhaltend. Er besitzt einen ausgeprägten Wach- und Schutztrieb, ohne aggressiv oder bissig zu sein, ist sehr belastbar. Bei der Jagd arbeitet er gerne selbständig.	**Wesen und Charakteristika:** Der Chesapeake wird wegen seines aufgeweckten und fröhlichen Wesens geschätzt. Er ist sehr ausdauernd und arbeitet bei der Jagd gerne selbständig. Er ist aber nicht nur ein guter Jagdhund, sondern auch ein mutiger Wach- und Schutzhund für seine Familie.	**Wesen und Charakteristika:** Der Flatcoat ist ein freundlicher, lebhafter, aber sensibler Hund. Er ist ein hervorragender Jagdbegleiter, eignet sich aber aufgrund seines toleranten Wesens auch als Familienhund.

verbreitet ist." schrieb vor 100 Jahren Ludwig Beckmann, einer der Väter der deutschen Kynologie, der sich bescheiden „Jagd- und Thiermaler in Düsseldorf" nannte.
Mit Ausnahme des Golden und des Labrador gilt das für Deutschland noch heute. Die anderen Retriever-Rassen sind so selten, daß sie auch auf großen Hundeausstellungen meist fehlen. Selbst das neueste Jahrbuch der Deutschen Retriever Clubs (DRC) verzeichnet nur eine Flat coated-Hündin und ein Paar von Nova Scotia Duck Tolling Retrievern (siehe Doppelseite 10–11).

Golden Retriever im Profil

Seit Nous und Belle macht vor allem seine Farbe den Golden Retriever zum Favoriten unter vielen Rassen. Gold – die Farbe der Könige.
In England und Amerika ging noch in den zwanziger bis vierziger Jahren der Trend eher zu dunkleren Tönen. Erst 1936 änderten England und Schottland den Standard, um sowohl helle als auch dunklere Fellfarben zuzulassen. Je nach persönlichem oder zeitgenössischem Geschmack wurden seither Golden in Richtung „Hell" und „Dunkel", sogar durch Setter-Einkreuzungen, verpaart – Manipulation um einer Äußerlichkeit willen.

Erstaunlicherweise hat die äußerst stabile Rasse diese genetischen Spielereien ohne gravierende Schäden überstanden. Einer der Gründe dafür ist sicher, daß sich Golden-Züchter stets als Bewahrer eines Typs und Charakters verstanden, als Liebhaber eines Ideals, dessen Standard schon früh feststand und seither nicht wesentlich geändert wurde.
Eine letzte Überprüfung dieser Anforderungen an den Golden fand 1986 beim maßgeblichen englischen Kennel Club statt, ihr Ergebnis wurde 1987 als der noch heute gültige FCI-Standard (Fédération Cynologique Internationale = der Internationale Hundeverband mit Sitz in Belgien) festgelegt.
Nachfolgend finden Sie einen Katalog von Formen, Farben, Muskelspiel und erlaubten Bewegungsabläufen beim

Der Golden Retriever im Profil			
	hoch	mittel	gering
Lernfähigkeit	x		
Intelligenz	x		
Umgänglichkeit mit Fremden		x	
Erziehungsaufwand			x
Bewegungsdrang (im Haus und im Freien)		x	
Sauberkeit		x	
Aufwand für Fellpflege			x

Golden Retriever. Zuchtwarte und Züchter in aller Welt haben sich daran ebenso zu halten wie Richter auf Rassehund-Ausstellungen.
Dahinter steht die Hoffnung, durch diese genaue Beschreibung des Äußeren eines von vielen verschiedenen Ahnen abstammenden Lebewesens dessen erwünschte Erscheinungsform über Generationen bewahren zu können. Daß Form mit weiter bestehender Funktion einhergeht, wurde dabei leicht übersehen. Daß Funktion, also der Lebensstil des Hundes, auch sein Wesen beeinflußt, blieb leider auch lange unerkannt.

Steckbrief Golden Retriever

◆ *Allgemeines Erscheinungsbild*
Symmetrisch, harmonisch, kraftvoll und lebhaft, ausgeglichene Bewegung, kernig bei freundlichem Ausdruck.

◆ *Charakteristika*
Gehorsam, reaktionsstark intelligent, mit natürlicher Anlage zu arbeiten.

◆ *Wesen*
Freundlich, liebenswürdig zutraulich.

◆ *Kopf und Schädel*
Ausgeglichen und wohlgeformt, brei-

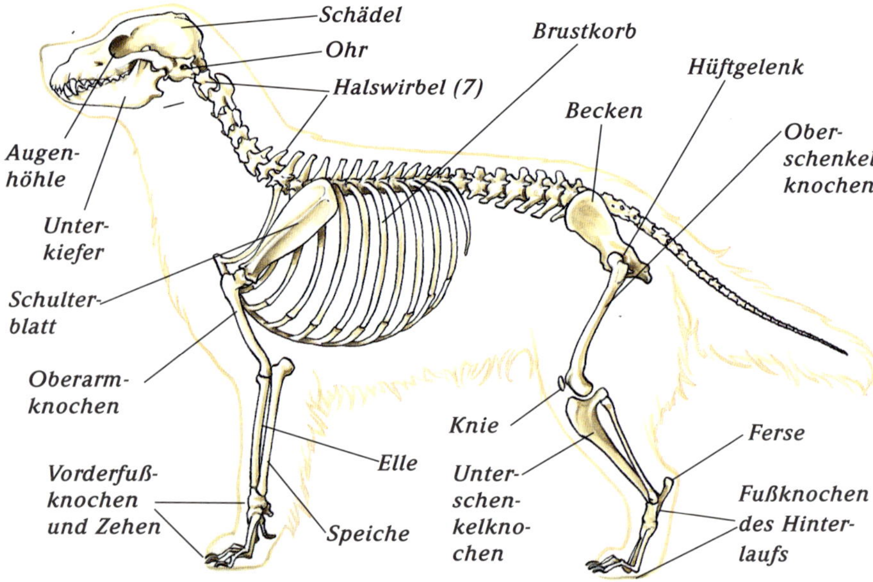

ter Oberkopf, ohne grob zu sein, gut auf dem Hals sitzend, kräftiger, breiter und tiefer Fang von annähernd gleicher Länge wie der Schädel, ausgeprägter Stop, Nase schwarz.

◆ *Augen*
Dunkelbraun, weit voneinander eingesetzt, dunkle Lidränder.

◆ *Behang*
Mittelgroß, ungefähr in Höhe der Augen angesetzt.

◆ *Gebiß*
Kräftige Kiefer mit regelmäßigem, vollständigen Scherengebiß, wobei die obere Schneidezahnreihe ohne Zwischenraum über die untere greift und die Zähne senkrecht im Kiefer stehen.

◆ *Hals*
Von guter Länge, trocken, muskulös.

◆ *Vorhand*
Vorderläufe gerade mit kräftigen Knochen, Schultern gut zurückliegend, langes Schulterblatt bei gleicher Oberarmlänge, dadurch gut unter den Rumpf gestellt, Ellenbogen anliegend.

◆ *Hinterhand*
Lende und Läufe kräftig und muskulös, Unterschenkel von guter Länge,

gut gewinkelte Kniegelenke. Tiefe Sprunggelenke, die, von hinten betrachtet, gerade sind, nicht ein- oder ausdrehend. Kuhhessigkeit (Kniegelenke nach außen, Hacken nach innen gedreht, Pfoten nach außen gespreizt) höchst unerwünscht.

◆ *Pfoten*
Rund, Katzenpfoten.

◆ *Rute*
In der Höhe der Rückenlinie angesetzt und getragen, bis zu den Sprunggelenken reichend. Ohne Biegung am Rutenende.

◆ *Gangart/Bewegung*
Kraftvoll mit gutem Schub. Gerade und parallel in Vor- und Hinterhand. Vortritt ausgreifend und frei, dabei in der Vorhand ohne Zeichen des Steppens.

◆ *Haarkleid*
Glatt oder wellig mit guter Befederung, dichte, wasserabstoßende Unterwolle.

◆ *Farbe*
Jede Schattierung von gold oder cremefarben, weder rot noch mahagoni. Einige weiße Haare, allerdings nur an der Brust, sind zulässig.

◆ *Größe*
Schulterhöhe Rüden: 56 bis 61 cm, Hündinnen: 51 bis 56 cm.

◆ *Gewicht*
Wird im neuen Rasse-Standard von 1987 nicht mehr angegeben, sollte aber bei Rüden zwischen 29,5 und 31,5 kg, bei Hündinnen zwischen 25 und 27,5 kg liegen.

◆ *Rüden*
Sie sollten zwei offensichtlich normal entwickelte Hoden aufweisen, die sich vollständig im Skrotum befinden.

◆ *Fehler*
Jede Abweichung von den vorgenannten Normen sollte als Fehler angese-

Ob wir einen Preis gewinnen?

hen werden, dessen Bewertung in genauem Verhältnis zum Grad der Abweichung stehen sollte.

Erst im letzten Jahrzehnt setzte sich auch im Deutschen Retriever Club und im Golden Retriever Club die Erkenntnis durch, daß eine nur auf erkennbare, äußere Merkmale hin erfolgende Zuchtauslese, ein „Mendeln" nach möglicherweise vorhandenen, erwünschten Erbeigenschaften (nach Gregor Mendel, 1824–1884, Schöpfer der Vererbungslehre) sinnlos ist. Das garantiert weder Stabilität noch Gesundheit der Rasse – und schon gar nicht das reizvollste an ihr: Charakter und Wesen. Was leider nur in wenigen aller in der FCI vereinigten Verbände Pflicht ist, wird seither von den anerkannten Golden-Züchtern im deutschen DRC und GRC getan: Zur Zuchttauglichkeit gehört nicht nur eine dem Standard entsprechende Statur, sondern auch ein dem idealen Charakter des Golden entsprechendes Verhalten. Geprüft wird dies in einem mehrstufigen Wesenstest (siehe Seite 18). Nur ein Hund, der den besteht, wird auch zur Zucht zugelassen.
Das komplizierte, nicht unumstrittene Verfahren bietet doppelten Schutz: zum einen der Gesundheit der Hunde, zum ande- ren dem Käufer, der nicht nur einen schönen Hund, sondern auch ein freundliches Familienmitglied bei sich aufnehmen will.

Wesen und Verhalten

Hunderassen, die nicht aus einer Modetorheit, sondern um einer Aufgabe willen entstanden, werden durch diesen, heute meist verlorengegangenen „Job" von einst noch immer geprägt.
Aufgabe des Golden Retriever war die Jagd. Er hatte die Aufgabe, in Wasser, Moor und Dickicht geschossenes Wild seinem Herrn zu apportieren.

Golden Retriever sind gute und begeisterte Schwimmer

Wie erfolgreich der Golden diesen Auftrag erfüllte, bejubelte schon 1886 im englischen Jägerblatt „Shooting“ Sir Payne-Gallway: „Der König unter den Jagdhunden. Seine äußere Erscheinung ist würdig, sein Verhalten zeugt von großer Intelligenz, und er ist ein freundlicher und angenehmer Begleiter wie kein anderer Hund, der bei der Jagd eingesetzt wird.“
In Deutschland werden heute zwar nur ca. 20 Prozent der Golden jagdlich geführt, doch verantwortungsvolle Züchter haben auch dem nichtjagenden Golden seinen Charakter erhalten.
Möglich wurde das, weil – vor allem in England – die Golden meist als „Dual Purpose“-Hunde, als Tiere mit doppeltem Zweck zur Zucht ausgewählt wurden: Sie sollten erfolgreich den Standard ihrer Rasse auf Zuchtschauen repräsentieren, aber sie mußten auch deren Fähigkeiten auf Lei-

stungsschauen demonstrieren. Keine Chance also für charakterlose Schönlinge. Die werden durch Wesenstests ohnehin aussortiert.
Aus sechs verschiedenen Prüfungen für den Hund besteht dieser Test, dessen Grundlagen vor ca. 60 Jahren in der Schweiz als Prüfungsverfahren für Schäferhunde entwickelt worden ist. Wesensschwache, scheue und überängstliche Tiere werden so erkannt von der Zucht ausgeschlossen.
Beurteilt werden Reaktionen des Hundes auf bestimmte Umwelt-Situationen. Nur Tiere, die diesen Wesenstest bestehen, können nach den Regeln der beiden im Verband für das deutsche Hundewesen zusammengeschlossenen Clubs danach auch Elternfreuden entgegensehen.
Patricia Busch, eine Züchterin mit großen Verdiensten um die Rasse, schrieb über den Golden: „Er zeichnet sich durch seine Freundlichkeit aus, sowohl den Menschen wie auch anderen Tieren gegenüber. Er lebt in Eintracht mit der ganzen Familie und mit anderen eventuell vorhandenen Haustieren. “

Wichtig: Der Golden Retriever ist kein Ein-Mann-Hund, sondern bindet sich an die ganze Familie und deren ihm bekannte Freunde.

Herrchen kommt nach nur fünf Minuten Abwesenheit wieder in den Raum zurück, in dem sein Golden mit den Kindern spielt? Große Begrüßung! Gar nach zwei Stunden? Der Begeisterungstaumel kennt keine Grenzen! Und meist bringt der Hund noch ein „Geschenk“ mit, einen Schuh oder ein Stöckchen.
Wer mit einem Golden Retriever zusammenlebt, lernt sehr schnell, die unterschiedliche Tonart seines Hundes zu beachten, zum Beispiel, wenn der den Besuch eines Freundes oder den eines Fremden meldet.
Für aggressive Verteidigungsaktionen taugt der Golden allerdings nicht. Der Hund, der auf der Jagd stets mit vielen Fremden auskommen mußte, eignet sich nicht als hypersensibler und eifriger Kämpfer gegen einen Einschleichdieb. Melden allerdings tut der aufmerksame Golden ihn schon (in den meisten Fällen reicht das völlig aus).
Und er merkt ihn sich, wenn sein Besitzer einmal Partei gegen den Fremden ergriffen hat. Mit Abwehrhaltung und drohendem Knurren kann dieser auch noch Jahre später rechnen. Ein Freund aus längst vergangenen Zeiten darf dagegen stets einer stürmischen Begrüßung gewiß sein: Golden Retriever haben ein gutes Gedächtnis, sie

Eine glückliche Familie! Golden sind ausgesprochene Familienhunde

sind wachsam, aber ohne gefährliche Aggression.
Seine Gutmütigkeit macht den Golden zum idealen Familienhund. Dazu sein Bestreben und die entsprechende Fähigkeit, auf Kommandos seines Herrn richtig zu reagieren. Selbst Stanley Coren, kanadischer Professor für Psychologie, der Anfang 1995 eine IQ-Liste der Hunderassen veröffentlichte (und sich dabei nicht als Golden-Fan entlarvte), plazierte den Golden in seiner „Arbeitsintelligenz-Tabelle“ in die Spitzengruppe: Ungewöhnlich gehorsam und nützlich sei er für seinen Menschen – nur eben leider, was seine Eigeninteressen anginge, kein besonders raffiniertes Tier. Coren nennt es „adaptive Intelligenz“, wenn ein Hund selbständig die erfolgreichsten Formen der Anpassung an seine Umwelt erlernen kann. Daran wird der Golden durch seine, seit mehr als 50 Generationen erprobte, leichtführige Zusammenarbeit mit den Menschen gehindert.
Zu Extratouren im eigenen Interesse neigt dieser Retriever also nicht. Stan-

ley Cohen hat für Menschen, die das bedauern, Trost parat: Adaptiv kluge Hunde würden für ihren Besitzer leicht zur Plage. . .

Verwendung und Fähigkeiten

◆ *Golden Retriever als Jagdhunde*
Golden Retriever sind vielseitig: Jagd- und Familientiere, Showstars und Leistungsträger – der kräftige, gewandte Hund eignet sich für viele Aufgaben. Nach einer Grundausbildung, wie sie jeder Welpe erhalten muß, können Golden aufgrund ihrer natürlichen Veranlagung zu idealen Jagdhunden erzogen werden. Körperlich sind sie durch Statur und durch das dicke, wasserabstoßende Fell ohnehin ganz hervorragend dafür geeignet.
Mit hoher Arbeitsintelligenz erlernen Golden dabei einen ganzen Katalog von Hilfstätigkeiten, die für den Jäger von unschätzbarem Wert sind.
Ziel dabei ist die lautlose Suche und das Auffinden von geschossenem Haar- oder Federwild. Die Beute müssen Golden „mit weichem Maul" (ohne harten Biß in das Wildbret) apportieren und beim Schützen abliefern.
Besonders gern verrichten Retriever diese Arbeit, wenn sie mit einem Bad verbunden ist. Denn neben seiner

Zwei, die sich prächtig verstehen! Fröhliches Tollen im Schnee

Golden Retriever lassen sich zu vielerlei Zwecken ausbilden

sprichtwörtlichen Apportierfreudigkeit liebt er besonders das nasse Element. Er läßt sich sogar über das „blanke Wasser einweisen". Dabei deutet der linke Arm des Jägers seinem Hund die Richtung ans gegenüberliegende Seeufer. Dort sucht das Tier dann nach einem geschossenen Wild – einer Ente beispielsweise, deren Sturzflug von Herr und Hund beobachtet wurde. „Marking", sich die Einfallstellen von beschossenem Wild merken, heißt diese Fähigkeit des Retriever. Unangeleint und ganz ruhig sitzend hat er zuvor das Jagdgeschehen zu beobachten.
Daneben sind Golden gute Stöberer im Wald und reagieren schnell auf Pfiff und Wink. Auf der Wundfährte schließlich arbeiten sie konzentriert und unermüdlich bis zum Fund der Jagdbeute.

◆ *Sportsfreund und Helfer*

Die Fähigkeiten des Golden sind nicht nur für Jäger von Bedeutung, denn ein leicht abrichtbarer Jagdhund kann auch zum Gebrauchshund ausgebildet werden. Bei an jagdlichen Aufgaben orientierten Dummy-Prüfungen und Agility-Übungen (siehe Seite 72) kann er die Anlagen und den Leistungsstand seiner Ausbildung zeigen.
Genau die Eigenschaften, die den Golden (und andere Retriever-Rassen –

Gehorsamstraining ist beim Hundesport wichtige Voraussetzung

Erwartungsvoll harrt dieser Golden des Befehls seines Herrn

vor ihm noch den Labrador) zum Jagdbegleithund befähigen, machen die gleichen Tiere auch für vergleichbare und überaus vielseitige Aufgaben tauglich.
In der Schweiz, in England und gelegentlich auch schon in Deutschland werden Golden als Blindenhunde eingesetzt. In England werden sogar Labradors und Golden miteinander gekreuzt, weil Experten feststellten, daß die erste Generation aus einer solchen Paarung ganz besondere Eignung zum Blindenführhund besitzt. Der Labrador gleicht die zuweilen auftretende Starrsinnigkeit des Golden aus, der Golden wiederum bringt die höhere Sensibilität mit in die Kreuzung.
Patricia Busch glaubt, daß es gerade das Jagdhunderbe ist, das den Golden zum Blindenführhund prädestiniert. Grund dafür sind Lenkbarkeit, Aufmerksamkeit, Geduld, Ausdauer und Freundlichkeit gegenüber Menschen und anderen Hunden. Und mit Generationen schußfester Ahnen hinter sich, fällt es ihm leicht, sich an den Lärm der Großstadt zu gewöhnen.
Golden helfen auch Schwerhörigen. Diese sogenannten „Hörhunde“ halten die von ihnen betreuten Menschen über besondere Hörwahrnehmungen auf dem laufenden – Telefon, Türklingel, Rauchalarm oder Baby-Weinen zum Beispiel. Ein Zupfen an der Kleidung in Richtung des Geräuches genügt.
Daneben werden Golden auch als Erdbeben- und Lawinen-Hunde eingesetzt, unterstützen den Zoll als Rauschgiftschnüffler und die Kriminalpolizei in vielen Ländern als Fährtenhunde.

Überlegungen vor dem Kauf

Was bedacht werden muß

Alle Hunderassen stammen vom Wolf ab. Zum Ende der Altsteinzeit, möglicherweise schon vor 15 000 Jahren, sicherlich aber vor sieben Jahrtausenden haben sich diese "Wolfshunde" dem Menschen angeschlossen. Inzwischen hat sich die einstige Wolfsgestalt zu verblüffender Formen- und Größenvielfalt entwickelt. Ca. 340 weltweit anerkannte Hunderassen kennen wir heute. Dazu kommen noch Lokal- und Regionalarten und fast überall in ländlichen Gebieten unserer Welt stabile Bastardrassen, die nur unter dem Aspekt der Nützlichkeit gezüchtet werden.

Wissenschaftler haben den Meutecharakter dieser Tiere schon erkannt. Conrad Gesner (1516 – 1565), der große Schweizer Naturforscher, nannte den Hund *Canis socius et fidelis*, den verbündeten und treuen Hund. Gut hundert Jahre später gab der Schwede Carl von Linné (1707 – 1778) dem Tier seinen wissenschaftlichen Namen:

Canis familiaris, den zum Hause gehörenden Hund, das vertraute Familienmitglied.
Die Lebenserwartung beim Golden Retriever beträgt ca. 6–15 Jahre. Vor der Entscheidung für einen Golden tut also eine gewissenhafte Prüfung not.

Wichtig: Hundekauf ist Adoption eines Familienmitglieds auf Zeit. Hunde sind kein Mitbringsel aus einer Laune heraus, kein Ergebnis von unüberlegtem „Shopping".

Die Grundvoraussetzungen

Zunächst sollten Sie zusammen mit Ihrer Familie folgendes bedenken:

◆ Das Tier muß mit allen Familienmitgliedern auskommen – und umgekehrt. Denken Sie dabei auch an evtl. Hundehaarallergien.
◆ Hunde brauchen viel Zuwendung, Beschäftigtigung gemeinsame Erlebnisse mit „ihrem" Menschen.
◆ Hunde beanspruchen ein eigenes Territorium. Mit Korb und Decke in einem Winkel der Wohnung und gelegentlichem Auslauf im Garten ist es nicht getan. Ganz gleich, ob im Haus, in großer oder kleiner Wohnung: Viel Bewegung im Freien ist für das Tier notwendig!
◆ Hunde brauchen die richtige Menge des für sie geeigneten Futters, ihre Ausrüstung (Korb, Futternäpfe, Haarpflegeutensilien etc.), eine Haftpflichtversicherung, gelegentlich Medizin und einen Tierarzt. Das alles zusammen ist teuer.

Das alles schreckt Sie nicht ab? Gut, dann sind Sie auf dem besten Wege, sich und Ihre Familie um ein vierbeiniges Mitglied zu bereichern!
Doch zuvor sollten Sie unbedingt noch einige weitere wichtige Fragen klären:

◆ Paßt der Golden zu mir und zu meiner Familie?
Sofern Sie einen leicht erziehbaren, überaus gutmütigen sowie anpassungsfähigen, lernfreudigen Hund haben möchten – JA! Auch für Menschen mit körperlicher Behinderung (siehe Seite 22) ist der Golden ein idealer Partner, wenn sich jemand findet, der dem Hund den notwendigen Auslauf verschafft.
◆ Sind seine Ansprüche für mich und meine Familie akzeptabel?
Bis auf Zeit und Zuneigung sind die

Rechts: Ein solch herziges Kerlchen braucht sehr viel Zuwendung und sorgfältige Pflege

Checkliste	Fragen vor dem Kauf

- *Möchte jedes Familienmitglied den Hund? Paßt er zu uns?*
- *Erlaubt der Vermieter die Hundehaltung?*
- *Ist genügend Zeit und Ausdauer für regelmäßige Zuwendung und viel Auslauf vorhanden? Eignet sich die Umgebung dafür?*
- *Sind die Kosten von monatlich ca. 250–350 Mark gedeckt (Futter, Hundesteuer, Haftpflichtversicherung, ggf. Tierarzt, Ausrüstung)?*
- *Leidet ein Familienmitglied unter einer Hundehaarallergie?*
- *Ist die Bereitschaft vorhanden, den Hund als neues Familenmitglied anzusehen und mit all seinen Eigenarten zu akzeptieren (Hundehaare und Schmutztapser auf dem Boden, gelegentliches Bellen etc.)?*
- *Soll es ein Rüde oder eine Hündin, ein Welpe oder ein erwachsener Hund sein?*

Ansprüche, die dieser Retriever an seinen Herrn stellt, nicht hoch. Seit Generationen leben Retriever bereits als reine Familienhunde mit geringerem Jagdbedürfnis.

◆ Ist unser Lebensraum für die Haltung eines Golden geeignet?
Der Golden kann auch in einer Etagenwohnung leben, braucht aber dann umso mehr Auslauf im Freien, am besten in der näheren Umgebung. Bietet die das? Hat das Tier eine Schwimmöglichkeit? Ist ggf. der Vermieter mit der Hundehaltung einverstanden? Hat der Hund in der Wohnung seinen eigenen, festen Platz, auf den er sich zurückziehen kann?

◆ Sind meine Familie und ich bereit, auch die natürlichen Belastungen des Zusammenlebens mit einem Golden zu tragen?
Jeder Hund, auch der Golden, bringt Schmutz und gelegentlich Unordnung ins Haus. Hundehaare (weniger als bei anderen Rassen) finden sich auf dem Teppich, mehr Staub kommt in die Wohnung und bei nassem Wetter auch schmutzige Tapser. Herumstehende Hundenäpfe sind auch nicht jedermanns Sache.

◆ Zwar muß der Golden nicht täglich gestriegelt werden – aber er genießt es – und läßt Haare . . . Und gelegentlich wird auch der artigste Hund – und ganz besonders der freundliche Golden – ein begeistertes Begrüßungsbellen loslassen.

Die Kosten

Der Golden Retriever ist im Unterhalt kein billiger Hund. Mit Ausgaben von ca. 3000 bis 4000 Mark im Jahr (inklusive Tierarzt, Versicherung) etc. muß sein Besitzer rechnen. Darin enthalten sind die Futterkosten, die bei Welpen und alten Hunden höher sein können. Dazu gehört die Haftpflichtversicherung, die jeder Besitzer für sein Tier unbedingt abschließen sollte. Über die Lebensspanne des Hundes verteilt sind durchschnittliche Tierarzt- und Medizin– , sowie Impfkosten eingerechnet und gelegentliche Anschaffung von neuem Zubehör: Leine, Halsband, Spielzeug, Korb und Decke. Eingerechnet ist schließlich auch die unsinnige Hundesteuer, die die Ge-

Teures Spielzeug muß nicht unbedingt sein – ein Stock tut es oft ebensogut

meinden mehr Personalaufwand kostet, als sie einbringt und nur als Regulativ der Hundehaltung genutzt wird. Insgesamt ergeben sich daraus Ausgaben von monatlich ca. 250 – 350 Mark.

Hündin oder Rüde?
Welpe oder erwachsener Hund?

Auch diese Entscheidungen sollten einstimmig in der zukünftigen Besitzerfamilie getroffen werden. An dieser Stelle lassen sich lediglich Vor- und Nachteile der Wahl aufzählen.
Das Geschlecht macht bei Hunden dieser Rasse allenfalls einen Größen- und Gewichtsunterschied aus. Beim Golden kann der maximal zehn Zentimeter und fünf Kilogramm betragen. Wesen und Charakter beider Geschlechter sind fast gleich – beim Golden sogar in stärkerem Maß als bei anderen Rassen, manchen Molossern, Treib- und Hütehunden zum Beispiel. Bei denen zeigen Rüden eine deutlichere Tendenz, innerhalb des Familienrudels Rangkämpfe um die Stellung des Alpha-Tiers aufzuführen.
Dennoch sind Hündinnen unter Menschen meist zweite Wahl. Erstaunlicherweise scheint sich in einer Zeit der allgemeinen weiblichen Emanzipation unter Zweibeinern bei Hundebe-

sitzern eine Präferenzen-Antiquität gehalten zu haben: Die meisten Käufer bevorzugen ohne einleuchtende Begründung einen Rüden. Bei Hunde-Erstbesitzern ist das sogar eine überwältigende Mehrheit.

Gewisse Unbequemlichkeiten im Zusammenleben mit einer Hündin haben sicher damit zu tun. Zweimal im Jahr durchlebt die Golden-Hündin ihren Zyklus, „Hitze“ oder „Läufigkeit“ genannt. Für den Besitzer ist das eine Zeit erhöhter Anspannung und Aufmerksamkeit. Verständlicherweise will er verhindern, daß seine reinrassige Hundedame ihm Welpen von Nachbars Lumpi in die Wohnung setzt.

Eine Sterilisation, besser noch die (totale) Kastration lehnen viele Hundebesitzer noch immer ab. Es herrscht der alte Aberglaube, kastrierte Hunde verlören „ihren Charakter“, würden faul und fett. Das ist falsch! Ganz im Gegenteil ist richtig, daß eine frühzeitig (zwischen dem 6. und 8. Lebensmonat, am besten vor der Geschlechtsreife) kastrierte Hündin im Alter seltener von Gebärmutterkrebs bedroht ist und weniger mit Geschwürleiden an der Milchdrüsenleiste und Scheinschwangerschaft zu tun hat.

Neben dem Problem der unerwünschten Schwangerschaft kann eine Hündin ihren Besitzer mit einer Schein-Schwangerschaft (hier hilft ggf. der Tierarzt mit Rat und Tat) und während des Zyklus mit Hygiene-Problemen konfrontieren. Abhilfe schafft bei letzteren eine Hunde-Binde (in mehreren Größen im Fach-Versandhandel oder selbst gefertigt). Auf der anderen Seite muß sich der Besitzer

eines Rüden auf das Verhalten eines liebeskranken Hundes einstellen, wenn sein potenter Begleiter erst einmal die Duftspur einer läufigen Hündin aus der Nachbarschaft aufgenommen hat.

Bitte bedenken Sie also: Nur persönliche Vorliebe und keineswegs gravierende Unterschiede sollten die Geschlechterfrage beantworten. Dem Besitzer, der mit seinem Tier ohnehin nicht züchten will, sei die Kastration empfohlen: Damit entgeht er – und der Hund! – allem Streß, der mit dem Sexualleben des Golden verbunden ist. Und außerdem der Gefahr, das Hundeelend unserer Zeit noch durch einen weiteren, unerwünschten Wurf zu vergrößern.

Ganz anders stellt sich die Frage, ob der neue Hausgenosse ein Welpe oder ein bereits erwachsener – und damit schon er- oder verzogener – Hund sein sollte. Auch hier wird es Vorlieben (und gute Gründe dafür) geben. Dem Menschen, der das volle Repertoire an Liebe, Zuneigung und Treue eines Golden erleben möchte, sei zu einem Welpen geraten. Denn je früher (nicht jünger, aber auch nicht viel älter als acht Wochen) er in seine neue, die endgültige Menschenfamilie kommt, umso mehr wird er zum zum völlig integrierten Familienmitglied.

Ein junger Hund kostet sehr viel Zeit und das am Anfang mindestens für ein halbes Jahr. Der Welpe, der jetzt in seiner zukünftigen Erwachsenen-Welt angekommen ist, stellt an seinen Menschen ähnliche Ansprüche wie ein kleines Kind: Er will dabei sein, er verlangt nach einem geregelten Tagesablauf, und er braucht sehr viel Liebe und Beschäftigung.

Wer sich die damit verbundene Arbeit nicht zumuten will oder kann (und sich die Freude daran entgehen läßt), hat die Möglichkeit, einen älteren Hund aufzunehmen. Auch gute Züchter geben manchmal solche Tiere ab oder können sie vermitteln. Eventuell, weil sie aus für den Liebhaber nicht

relevanten Gründen für die Zucht nicht verwendet werden oder weil Lebensumstände des Vorbesitzers sie heimatlos gemacht haben.
Der Hund ist dann bereits stubenrein und mehr oder weniger gut erzogen. Arbeit für das Tier muß der neue Besitzer dennoch aufwenden. Mit viel Einfühlungsvermögen und Geduld muß er den Golden, den er als fertige Hundepersönlichkeit übernimmt, mit seiner neuer Umgebung, neuen Lebensabläufen, möglicherweise auch mit neuen Spielregeln des Zusammenseins vertrautmachen.
Bei einem gut erzogenen Golden ist das nicht weiter schwierig und kann sogar einem Hunde-Neuling gelingen. Empfehlenswert aber ist der ältere Hund eigentlich nur für Menschen mit viel Hundeerfahrung. Das gilt vor allem, wenn das charakterlich bereits fertig geformte Tier aus einem Heim stammt und seine Vorgeschichte nicht mehr (oder nur lückenhaft) zu ermitteln ist.

Die Wahl des Züchters

Glückwunsch, Sie haben sich für einen Golden entschieden, und obendrein noch für einen Welpen. Damit beginnt eine neue Phase der Überlegungen und viel Einsatz. Die erste Frage, die jetzt auftaucht: Woher bekomme ich meinen Golden Retriever? Am besten läßt sich diese Frage nach

dem Ausschlußverfahren beantworten: Sie bekommen ihn *nicht* im Zoofachgeschäft, selbst wenn der Laden am Ort oder sogar in Ihrer Straße gerade Golden-Welpen feilhält.
Anders ist es, wenn der Zoofachhändler mit einem Schild in seinem Fenster signalisiert, daß er Welpen vermittelt (zu Preisen, an denen er noch etwas verdient, versteht sich). Über ihn erhalten Sie dann die Adresse des Züchters und können sich dort ein Tier Ihrer Wahl aussuchen.
Den Kaufvertrag werden Sie allerdings mit dem Händler abschließen. Seriöse Züchter lassen sich in der Regel auf dieses Geschäftsgebaren ungern ein, und nur dann, wenn zwischen ihm und dem Händler ein echtes Vertrauensverhältnis besteht. Das aber kann der Käufer nur in seltenen Fällen überprüfen.
Sie aber müssen sicher sein können, daß die Zusagen, die Ihnen dabei gemacht werden, stimmen. Im gewerbsmäßigen Hundehandel stimmen sie nie. Die den Gewinn einbringende Geschäftsbasis dabei ist Betrug am Käufer und Quälerei für das Tier.
Seriöse Hundezüchter suchen keine Käufer für ihre „Produktion", sondern gute Plätze für ihre Welpen. Die Preise für die Tiere, beim Golden zwischen 1600 und 2 200 Mark, sind kein Verdienst, sondern reichen gerade aus, um den Aufwand, den ein Vollblut-Züchter für das Wohlergehen seiner Tiere treibt, zu decken.
Züchter, die ihre Tiere, einem gewerbsmäßigen Hundehändler zum Verkauf anvertrauen, haben kein liebevolles Verhältnis zu ihnen. Sie sind nur Produzenten einer Ware, die ein

Eine vorbildliche Zuchtanlage für Hunde: Sauber, hell, gut belüftet, aber nicht zugig.Der Bodenbelag sollte warm und leicht zu säubern sein.

Mutters Nähe ist wichtig . . .

anderer dann verhökert. Die leidvolle Erfahrung unzähliger Käufer von Hunden aller Rassen zeigt, daß sie mit dieser „Ware" stets Problemhunde erwarben, psychisch und physisch.
Der Zoofachhändler, der dies alles weiß und dennoch eine ganze Meute süßer Welpen in seinem Schaufenster als Lockvögel herumtollen läßt, handelt tierfeindlich. Bis zum Verkauf steht den jungen Hunden nur eine erlebnisarme, für ihren späteren Lebensbereich untypische und sie sozial fehlprägende Glaskastenwelt zur Verfügung. Und das in der wichtigsten Phase ihres Lebens!
Das gleiche gilt für Hundehändler, die auf Wochenmärkten – vom Rheinland bis nach Bayern auftauchen – und dort junge Hunde aller möglichen Rassen anbieten, dazu „Papiere" voller wichtiger Stempel und eindrucksvoller Unterschriften.
Wie süß der kleine Golden-Welpe im Pappkarton auch sein mag – widerstehen Sie! Auch wenn Ihnen – beliebter Trick der Händler – eine Hündin mit geschwollenen Milchdrüsen als dem Standard des Golden entsprechende

. . . und fressen . . .

„Mutter" oder ein passender „Vater" präsentiert wird. Diese „Eltern" haben mit den Kleinen im Karton soviel zu tun wie ein Schäferhund mit Langhaardackeln.
Was dem Käufer im vieles verbergenden Welpenalter geboten wird, sind erbärmliche und erbarmenswerte Produkte einer kommerziellen Wildzucht. Diese Tiere werden oft in Schweine-

ställen von Hündinnen zur Welt gebracht werden, die bis zu ihrer biologischen Unfähigkeit zweimal im Jahr werfen müssen. Grundlage solcher Zuchten sind meist nur zwei gekaufte Ahnentiere, möglicherweise sogar von bester Abstammung, häufig jedoch nicht einmal das.
Sie müssen in steter Inzucht-Paarung,

. . . und schlafen . . .

Vater-Tochter, Mutter-Sohn, Bruder-Schwester, immer neue Nachkommen produzieren – solange, bis sich nach einigen Generationen die Tiere wegen zunehmender Krankheit und psychischer Debilität ganz offensichtlich nicht mehr als gesunde Golden verkaufen lassen.
Dieser gewerbsmäßigen, zutiefst verabscheuungswürdigen und für die

. . . sowie erste Erkundungen

Rasse gefährlichen Tierproduktion läßt sich nach heutigem Stand der deutschen Gesetzgebung bedauerlicherweise kein Riegel vorschieben. Welchen Umfang sie hat, zeigt ein Beispiel: Eine „Züchter“-Familie aus dem Bremischen hat allein in einem ehemaligen Schweinekoben in den Niederlanden 50 (!) Golden stationiert, die seit einigen Jahren für den boomenden Retriever-Markt um die Wette werfen müssen.
Betrogen werden dadurch zwei der drei am Geschäft beteiligten: die Hunde, weil durch Inzucht, Mangelernährung, fehlende Sozialisierung in der Prägephase und zumeist fehlende Impfungen ihre Chance, zu in jeder Hinsicht stabilen und gesunden Tieren zu werden, nicht vorhanden ist, aber

auch die Käufer, die statt eines typischen Golden ein bedauernswertes, in der Regel körperlich und/oder seelisch krankes Tier erworben haben. Einen Vorteil dabei hat nur der skrupellose Züchter.
Prominentestes Opfer solcher Tricks wurde 1994 RTL-Moderator Hans Meiser. Mit wunderschönen Papieren und wohlklingenden Begleitreden erwarb er von einer „Züchterin" nahe der holländischen Grenze einen Retriever-Rüden, verführt vom Steifftier-Charme der Rasse.
Trauriges Ende der großen Liebe zum schönen Schmusehund: Im Alter von 16 Monaten mußte Golden-Rüde Taco eingeschläfert werden. Erst hatte er Meisers 16jährige Tochter Anouk gebissen, dann ein Kind, später wahllos weitere Kinder, Meisers Frau und die Nachbarn.
Im gleichen Maß, wie der Golden Retriever in Deutschland zum Modehund wird, nehmen solche Vorfälle zu. Verursacher waren fast regelmäßig Tiere mit glanzvoll aussehenden Stammbäumen, deren Stichhaltigkeit sich aber nicht einmal bis zur Eltern-Generation zurückverfolgen ließ.
Nach dieser Negativliste nun die gute Nachricht: Deutsche Liebhaber-Züchter können Golden-Fans mit dem Hund ihrer Träume erfreuen. Nicht in unbegrenzten Mengen freilich: Im Deutschen Retriever Club e.V. (DRC) wurden 1994 in 142 Würfen 1140 Welpen registriert. Gehandelt aber wurde nach konservativer Schätzung mindestens mit der vierfachen Anzahl von Welpen.
Die kamen nicht allesamt nicht nur aus Schweinestall-Züchtungen in den Niederlanden, der Oberpfalz, dem Münsterland, Niedersachsen und Niederbayern, sondern in zunehmendem Maß auch aus dem ehemaligen Ostblock. Hier sind besonders kommerzielle Wildzüchter aus Tschechien die Lieferanten.
Aber nicht die Endverkäufer. Diese tarnen sich dann als „Züchter".
Aus diesen Gründen darf sich ein künftiger Golden- Retriever-Besitzer private Detektiv-Arbeit nicht ersparen, wenn er sich Erlebnisse des als Spürhund in eigener Sache wenig erfolgreichen Journalisten Meiser ersparen will.

Wichtig: Einen Hund gleich welcher Rasse sollte niemand kaufen:
- im Zoofachhandel,
- in der Kaufhauszooabteilung,
- auf einem Markt mit fliegenden Hundehändlern,
- im Versandfachhandel (der brutalsten Form des Tierhandels).

Hier einige prachtische Hinweise, um die Spreu vom Weizen trennen zu können:

- Mißtrauen Sie Inseraten in Tageszeitungen. Ein Hobbyzüchter hat über seinen Verband meist so viele Kontakte zu Interessenten, daß er nicht inserieren muß. Als verantwortungsvoller Züchter wird er ohnehin keinen Wurf planen und einleiten, wenn danach die zukünftige Unterbringung der Welpen nicht gesichert ist.
- Inseraten mißtrauen, wenn darin mehr als eine Rasse angeboten wird. Wer ständig vom Affenpinscher bis zum Zwergschnauzer alle Hunde im Welpenalter parat hat, ist kommerzieller Hundevermehrer und kein liebevoller Züchter.
- Züchter-Adressen bei den beiden im Verband für das Deutsche Hundewesen (VDH) eingegliederten Clubs nachfragen (DRC und GRC, siehe Adressen im Anhang).

Unser Tip

Besuchen Sie unbedingt mehr als nur einen Zwinger und verschaffen Sie sich einen umfassenden Eindruck vom Züchter und seinen Hunden.

Leider nicht allen Golden-Welpen geht es so gut wie diesem hier!

Beide Clubs unterhalten eine spezielle Welpenvermittlung, die jedem Interessenten Züchter und gerade gefallene Würfe in seiner Nähe nachweisen kann.

Beide Clubs, ob vertreten durch Vorsitzende, Welpenvermittlerinnen oder Zuchtwarte, sind außerdem kompetente, freundliche und hilfsbereite Gesprächspartner, die dem Autor viele fachkundige Ratschläge zu diesem Buch gegeben haben.

Die stolze, zärtliche Mutter mit zwei ihrer neugierigen Rangen

Sehr informativ sind die Retriever-Jahrbücher, herausgegeben von Beate und Gereon Ting (siehe Literatur und Adressen im Anhang). Sie enthalten auch Kurzporträts der meisten deutschen Retriever-Zwinger (und ihrer Hunde) in Wort und Bild.
Wer nach so vielen Mühen schließlich auf einen Züchter seiner Wahl gestoßen ist, sollte keinen Entschluß zum Hundekauf bereits am Telefon treffen. Ein guter Züchter verkauft ein Tier ohnehin nicht auf diese Weise, sondern will Sie genauso überprüfen wie Sie ihn.
Bedenken Sie außerdem: Auch in den beiden Clubs (der eine mit ca. 1000, der andere mit ca. 250 Mitgliedern) ist nicht jedes Mitglied automatisch ein qualifizierter Hundefachmann.

So finden Sie einen seriösen Züchter

Den richtigen Züchter finden Sie am besten mit etwas Menschenkenntnis und Beobachtungsgabe.

◆ Wenn Sie feststellen, daß ein zwar netter Gatte der eigentliche Züchter ist, die Frau Gemahlin aber die Hunde nur im Garten und in der Zwingeran-

Eine ideale Pose für das Familienalbum – Hunde-Kleinfamilie

lage duldet, sollten Sie sich ohne Hund verabschieden.

◆ Die Zwingeranlage sieht sauber, aber in ihrer Käfigstruktur wie eine kleine Tierfabrik aus. Wie im Tierheim springen hinter Gittern Hunde Ihrer Ankunft entgegen. Sie sehen vielleicht zwei bis drei Hündinnen mit Würfen. Zwischen Wohnhaus und Zwinger besteht eine deutliche Trennung. – Hier wohnt ein qualifizierter Züchter, aber kein echter Hundefreund, sondern eher ein Schreibtisch-Stratege.

◆ Die Hunde zeigen zwar freundliches Desinteresse an ihrem Meister, begrüßen aber den fütternden Nachbarjungen freundlich. Hier hat einer zu wenig Zeit und Zuneigung für seine Tiere.

◆ Sie werden ins Wohnzimmer des Züchters gebeten; man trägt einzeln Welpen herein, für die Sie sich entscheiden sollen. Sie haben den tatsächlichen Lebensbereich der Tiere nicht gesehen, weil „die Hündin so scheu“ oder „bei Fremden wegen der Kleinen bissig“ ist. Wer so handelt, will möglicherweise mangelnde Hygiene oder nicht artgerechte Hundehaltung verbergen.

Dr. Dieter Fleig, einer der fachkundigsten deutschen Hundekenner, Züchter seit Jahrzehnten, Hundebuch-Autor und -Verleger, ist der Überzeugung, daß der Züchter zu mehr als zwei Drittel das Schicksal jedes seiner Welpen bestimmt.
Vertrauen Sie deshalb nicht allein offensichtlicher Perfektion, absoluter Hygiene und lückenloser Dokumenta-

tion von Abstammung und angeblich vererbten Eigenschaften. Trauen Sie lieber einem Züchter, dessen Hunde nur fast perfekt gehalten werden, dafür aber im Wohnzimmer auf dem Sofa herumlümmeln (Ihrer muß das ja nicht auch tun!).
Achten Sie weniger auf technische Signale, sondern vielmehr auf Anzeichen einer engen Bindung zwischen dem Züchter und seinen Tieren (auch wenn es aus der Küche in der ganzen Wohnung penetrant nach Pansen stinkt). Möglicherweise haben Ausdauer und Glück Sie dann zum richtigen geführt – dem Züchter, der seine Tiere liebt. Und die ihn.
Hier sollten Sie Ihren Welpen kaufen! Doch auch Geduld gehört dazu, Besitzer eines Golden Retriever zu werden. Nicht immer hat der Züchter Ihrer Wahl auch einen Welpen für Sie parat. Betrachten Sie den Aufschub zwischen Entschluß und Kauf als Chance: Vielleicht gibt Ihnen der Züchter die Möglichkeit, das Heranwachsen der Welpen „Ihres" Wurfs zu beobachten – und sich dabei ganz allmählich für ein bestimmtes Tier zu entscheiden. Auch wenn's nicht klappt – einer sehr nervösen Erstlings-Hundemutter wegen zum Beispiel –, kann der Käufer sich aus Aussagen des Züchters ein Bild über die Welpen machen. Denn der hat die Kleinen oft schon gleich nach der Geburt zum erstenmal auf ihre Lebenskraft hin getestet.

Welpen-Inspektion

Entwickelt und beschrieben hat Eberhardt Trumler, der verstorbene große deutsche Hundeforscher aus der Kon-

Checkliste	Welpen
◆ *Verhalten*	fröhlich, aufmerksam, zutraulich, verspielt
◆ *Statur und Fell*	pummelig, aber nicht zu dick (auf keinen Fall aber dünn oder gar mager); kräftiger Knochenbau, große runde Pfoten, dicker Schwanzansatz, der sich spitz verjüngt; sauberes, gesundes und süßlich nach der Muttermilch duftendes Fell.
◆ *Augen*	klar, sauber glänzend, ohne Ausfluß
◆ *Ohren*	ohne Ausfluß, der kleine Welpe schüttelt nicht immer den runden Kopf oder hält ihn schief
◆ *Kopf*	zeigt den typischen, gut ausgeprägten Golden-Stop mit kurzem, breiten Fang
◆ *Gebiß*	bildet zwischen Ober- und Unterkiefer eine geräumige Schere, in der ohne Vor- oder Unterbiß alle Schneidezähne Platz haben

rad-Lorenz-Schule, diese Methode und ihre Aussagekraft zur Feststellung des „Biotonus“, wie er das nannte:
Dabei werden für vier Minuten neugeborene Welpen allein auf eine mit einem Kreuzgitter skalierte Unterlage gebracht: Je aktiver sich die Hundekinder dort durch Bewegung und Lautgebung auf die Suche nach Wärme, Schutz und Nahrung begeben, um so gesünder an Leib und Seele sind sie voraussichtlich im zukünftigen Leben.

Den Aussagewert dieses Biotonus-Tests hat Trumler in über Jahre geführten Statistiken nachgewiesen. Ein schwacher Biotonus läßt auch auf einen konstitutionell schwachen Hund schließen. Ein korrekter Züchter wird ein solches Tier nicht ohne einen Hinweis darauf verkaufen.
In der Regel wird der Käufer die Familie seines zukünftigen Hausgenossen erst kennenlernen, wenn der bereits im Alter von sieben oder acht Wochen ist. Dann ist er auf seine eigene Beob-

achtungsgabe und seinen eigenen Hundeverstand angewiesen (siehe „Checkliste Welpen").

Entsprechen die Welpen Ihrer Wahl in allem Ihren Vorstellungen, bleibt noch das wichtigste – die Frage nach deren Wesen und Charakter.

Testmöglichkeiten

Einen Test dafür hat der amerikanische Tierarzt William E. Campbell bereits 1977 erarbeitet und veröffentlicht, ausgelöst durch die jahrzehntelange Beobachtung möglicher Verhaltensdefizite bei bestimmten Rassehunden.

◆ *Der Campbell-Test*

In abgewandelter Form empfiehlt auch Dr. Dieter Fleig den Campbell-Test, der am besten mit einem gut ausgeschlafenen, unternehmungslustigen Welpen vorgenommen wird – idealerweise im Freien auf einem dem Welpen unbekannten Gelände.

Vier Einzelprüfungen gehören dazu,

die den Laien vor allem den zukünftig dominanten Hund (Fleig nennt ihn den „Boß“) und den später eher scheuen, ängstlichen Hund (nach Fleig „das Mauerblümchen“) erkennen lassen. Getestet werden dabei Menschenbezug, Unterordnungsbereitschaft, Sozialverhalten und Vertrauen.

Menschenbezug

Ein dem Welpen unbekannter Tester setzt das Tier inmitten des Testgebiets aus, entfernt sich schnell bis auf etwa zehn Meter Distanz und lockt dann mit freundlicher Stimme und aufforderndem Händeklatschen das Tier.

Gute Reaktion: Mit erhobener Rute läuft der Welpe furchtlos und freudig auf den Menschen zu.

Schwache Reaktion: Der Welpe folgt ängstlich oder nur zögernd oder flieht sogar mit eingeklemmter Rute in die Gegenrichtung, oder er verharrt jaulend am Fleck.

Überreaktion: Der Welpe kümmert sich nicht um den Tester, sondern untersucht neugierig und mit erhobener Rute selbstbewußt und unabhängig die neue Umgebung.

Sozialverhalten

Der Welpe wird wieder in der Mitte des Testgebiets abgesetzt, der Tester entfernt sich diesmal aber nur langsam.

Gute Reaktion: Der Hund läuft freudig mit und macht von sich aus Spielangebote.

Schwache Reaktion: Der Welpe verharrt, folgt nur zögernd, hält die Rute eingeklemmt oder versucht, sich in entgegengesetzter Richtung zu verdrücken.

Überreaktion: Der Welpe folgt sofort, versucht die Testperson durch Spielbeißen in Hosen oder Schuhe und Anspringen zu stoppen.

Unterordnung

Der Tester legt den Welpen auf den Rücken und drückt ihn mit der Hand im Brustbereich in dieser Stellung leicht gegen den Boden.

Gute Reaktion: Der Hund leistet zunächst Widerstand, der dann allmählich abflaut und nachläßt.

Schwache Reaktion: Der Welpe verzichtet auf jeden Widerstand, klemmt die Rute ein und zeigt Angst.

Überreaktion: Der Welpe versucht mit aller Macht, sich zu befreien, eventuell sogar mit Droh-Knurren und Bissen.

Vertrauen

Der Welpe wird mit beiden Händen im Brustbereich soweit angehoben, daß er mit den Läufen keinen Bodenkontakt mehr hat.

Gute Reaktion: Der Welpe strampelt zuerst, versucht dann die ihn haltenden Hände zu lecken.

Schwache Reaktion: Der Welpe ergibt sich ohne erkennbare Gegenwehr in sein Schicksal.

Überreaktion: Mit aller Macht und äußerster Intensität kämpft der zukünftige Boß gegen diese, für ihn unangenehme Situation an.

Während kaum ein Hundezüchter gegen eine Beschäftigung mit seinem Wurf etwas einzuwenden hat – Anschauen, Streicheln und Spiele –, lehnen viele selbst harmlose Reak-

tionsprüfungen wie den Campbell-Test allerdings ab.
Wer dennoch den Campbell-Test gemacht hat, sollte sich weder für den „Boß“ noch für das „Mauerblümchen“ entscheiden. Beim ersten muß er sein Leben lang mit leichten oder schweren Auseinandersetzungen um die Rudelführung rechnen – bei letzterem ist er auf einen Hund gekommen, der ohne Selbstvertrauen alles mit sich machen läßt.
Der ideale Hund für Sie ist der in seiner Reaktion zwischen diesen beiden stehenden Welpe.

Hundekauf ist ein Geschäft

Der sorgfältigen Wahl des Hundes folgt (nicht nur) Papierkram: Denn mit dem Tierkauf schließen Sie ein rechtswirksames Geschäft ab. Und da geht's (sogar im seriösen Hundehandel) oft zu wie beim Gebrauchtwagenkauf.
Ist der kleine Hundewelpe für gut befunden, bezahlt und abgeholt, hat der Käufer nur wenige Chancen, später wegen etwaiger „Mängel“ zu reklamieren.
„Gekauft wie besichtigt und probegestreichelt“ muß nicht im Vertrag stehen. Aber genau das gilt, außer, Gegenteiliges wäre vereinbart. Und dafür bestehen kaum Chancen.
Bei einem seriösen Züchter erhält der Käufer bei der Geldübergabe einen Kaufvertrag, der in der Regel mehr enthält als nur die Beschreibung des zwischen den Parteien stattgefundenen Geschäfts. Erwähnt sollten sein Name des Welpen, Zuchtbuch-Nummer, Wurftag, Preis und ggf. Besonderheiten des Hundes, Name von Verkäufer und Käufer sowie das Datum des Verkaufs.
Gerade gute und seriöse Liebhaberzüchter aber schränken durch diesen Vertrag gelegentlich die Rechte des Käufers an der erworbenen „Ware“ Tier noch mehr ein. Nicht einlassen sollte sich der Käufer auf Klauseln, die dem Verkäufer für „irgendwann“ eine Weiterzucht mit dem Hund ermöglichen, weder als Deckrüde noch als Mutterhündin.
Verbitten sollte sich der Käufer in jedem Fall auch Absprachen, nach denen der Verkäufer im Falle einer Zucht Anspruch auf einen Welpen seiner Wahl habe.
Anerkennen aber sollte er eine Einschränkung seiner Rechte, durch die ihm der Züchter den Weiterverkauf des Hundes verbietet und darauf besteht, in diesem Fall ein Vorkaufsrecht zum Einstandspreis zu haben.

Zusammen mit dem Kaufvertrag erhält der Käufer in der Regel eine Stammbaum, Ahnenpaß oder Abstammungs-Beglaubigung genannte Urkunde. Dabei kann es sein, daß der diese Papiere ausstellende Club oder Verband die Ahnentafel noch nicht an den Züchter geliefert hat. In diesem Fall sollte der Käufer die Nachlieferung des Dokuments, das die Abstammung seines Welpen garantiert, als Bringschuld des Züchters in den Kaufvertrag eintragen (und vom Züchter abzeichnen) lassen.

Ferner kann der Käufer einen bereits auf den Namen und die Zuchtbuchnummer seines Hundes ausgefüllten Impfpaß, eine gelbe, mehrseitige Broschüre erwarten. Hat der Züchter davon einen ganzen, bereits mit Tierarzt-Stempeln ausgefüllten Stapel und trägt jetzt nur noch die Daten der Impfungen und den Namen des jeweiligen Hundes ein, dann ist größtes Mißtrauen am Platz: Tierärzte sind auch guten Freunden gegenüber in der Regel mit von ihnen zu verantwortenden Dokumenten nicht so leichtsinnig.

In der achten Lebenswoche sollte der kleine Golden übrigens bereits gegen folgende Infektionskrankheiten geimpft sein: Parvovirose, Staupe, Hepatitis, Tollwut, Leptospirose und Zwingerhusten (mehr dazu auf Seite 77–79).

Ein letztes Wort noch zur Vorsicht und zum Mißtrauen gegen Tricks der (Minderheit der schrägen) Züchter: Heißt der Welpe Ihrer Wahl laut Papieren beim Züchter „Fridolin“, können Sie daraus entnehmen, daß es sich um einen sogenannten „F-Wurf“ gehandelt hat, nach A-, B-, C-, D-, E-Wurf mithin dem sechsten Wurf der Mutterhündin. Hat der Züchter Ihnen die als fünfjähriges Tier vorgestellt, wissen Sie, daß der den armen Hund seit seiner Geschlechtsreife in etwa halbjährigem Turnus als Gebärmaschine mißbraucht hat: Treten Sie vom Kauf zurück, das ist Ihr gutes Recht.

Wer seinen Golden Retriever bei einem Züchter aus dem DRC oder dem GRC erwirbt, ist davor allerdings geschützt: Keiner der beiden Clubs gestattet seinen Mitgliedern diese Tierquälerei. Würfe in so dichter Abfolge führen zum Ausschluß aus beiden, die Abstammungspapiere ausstellenden Vereinen.

Wichtig: Verlangen Sie vom Verkäufer unbedingt einen korrekten Kaufvertrag zusammen mit Stammbaum, Ahnenpaß, Abstammungsbeglaubigung und gültigem Impfpaß.

Einzug ins neue Heim

Heimfahrt

Endlich geschafft – der frischgebackene Hundebesitzer befindet sich mit dem kleinen, gut acht Wochen alten Hund auf der Heimfahrt.
Die Trennung von Mutter und Geschwistern, die erste große Reise und danach der Empfang in der Familie sind die ersten einschneidenden Erlebnisse in dem jungen Hundeleben. Und was Hündchen jetzt widerfährt, das merkt sich Hund sein Leben lang. Herrchen und Frauchen müssen deshalb darauf achten, ihrem Schützling von Anfang an nur angenehme Eindrücke zu vermitteln.
Das beginnt bereits mit der Heimfahrt. Am besten, der Züchter hat seinem jungen Hund noch einen Stoffetzen

Hauptsache, ich bin dabei!

Der Abschied von den Geschwistern fällt nicht leicht

oder ein Stück Decke mitgegeben, das nach der vertrauten Umgebung riecht, nach der Mutter und den Wurfgeschwistern – kleiner Trost bei den Heimweh- und Verlassenheitsanfällen, auf die frischgebackene Hundebesitzer gefaßt sein müssen .
Zwei Menschen sollten den jetzt stark gestreßten kleinen Golden auf dieser Fahrt begleiten. Einer hält ihn auf dem Schoß, zum Schutz gegen Erbrechen und Blasenentleerung auf einem großen Handtuch oder einer Decke, das vertraut riechende Stoffstück schnüffelbereit. Wärme und Geborgenheit braucht der Hund jetzt, dazu viel Trost: eine streichelnde Hand und eine sanfte, beruhigende Stimme.
Bereits nach wenigen Minuten sollten Sie die Fahrt an geeigneter Stelle unterbrechen, um den jungen Hund (an der Leine, die locker durchhängen muß) für fünf Minuten herumtollen zu lassen. Eine nächste Pause ist fällig, wenn der Welpe durch starken Speichelfluß und übertriebenes Gähnen Unwohlsein anzeigt.

Sie können dem Tierchen auch aus einer Schüssel etwas mitgebrachtes Wasser anbieten. Danach noch nicht gleich weiterfahren – meist erleichtert sich der Kleine schon wenig später. Fahren Sie vorsichtig und nicht zu schnell, vor allem nicht auf kurvigen Streckenabschnitten.
Günstigste Abholzeit ist übrigens der Morgen oder der frühe Vormittag. Der Hund ist dann ausgeschlafen und munter, und nach der Ankunft im neuen Heim bleibt für ihn und seine Menschen noch der Rest des Tages zu gemeinsamem Spiel, die beste Möglichkeit die bisherige Bekanntschaft mit angenehmen Eindrücken zu vertiefen.

Unser Tip

Geben Sie Ihrem Hund auf der Fahrt nichts zu Fressen – das Kerlchen hat auch ohne zusätzliche Belastung mit einer leichten Reisekrankheit zu kämpfen.

Dabei hat der Welpe dann schon den Platz im Garten oder auf einer Wiese in der Nähe kennengelernt, an dem er sich in Zukunft lösen soll. Das sollte gleich nach der Ankunft geschehen, denn jetzt muß der junge Hund sofort. Am besten geschieht das in Begleitung der Menschen, die der Golden jetzt schon kennt.

Eingewöhnung des Welpen

Auf keinen Fall darf gleich das restliche Menschenrudel, Kinder, Oma und die Nachbarn, auf das arg verwirrte Tierchen einstürmen. Lassen Sie dem Welpen Zeit, sowohl die Umgebung als auch die dazu gehörenden Men-

So gesund und froh sollte auch Ihr Welpe später in die Welt schauen!

Mache ich mich in unserem Garten nicht gut . . .?

schen langsam selbst zu entdecken. Spielen Sie auch nur dann mit ihm, wenn er Sie dazu auffordert. Keine Angst: Spieltrieb und Verlassenheitsgefühl treiben ihn immer wieder zu Ihnen hin.
Für die gelegentlichen Ruhepausen sollte ein Welpenkörbchen bereit stehen. Über das weiche Kissen darin breiten Sie das Stoffteil aus dem heimatlichen Zwinger. Dieses Hundebett als Rückzugs-Refugium und trostspendendes Lager ist das allerwichtigste bei der Grundausstattung, die Sie für Ihren Hund schon angeschafft haben. In der ersten Nacht (und möglicherweise auch noch in den folgenden) sollte es neben Ihrem eigenen Bett stehen. Ab und zu halten Sie die Hand hinein und streicheln den Kleinen. Das muß wohldosiert sein: Lassen Sie sich nicht durch Dauerweinen erpressen. Lernen Sie aber das erste Verlassenheitsjaulen von den späteren unruhigen Fieptönen unterscheiden, mit dem Ihr Golden ein dringendes Geschäftchen ankündigt. Sicherlich werden Sie in den ersten zwei Wochen auch nachts zwei- bis dreimal aufstehen müssen, um den Welpen zum bereits vertrauten Versäuberungsplatz zu führen. Hat er sich gelöst, einschmeichelnd loben, danach noch ein wenig schnüffeln lassen – und zurück geht's ins Bett. Jeder in seins: unbedingt, sonst wird auch der erwachsene Golden Ihr Nachtlager stets auch für seins halten!
Nach ein paar Nächten kann der Welpe auf die allmählich wachsende räumliche Trennung vorbereitet werden. Immer weiter entfernt von Ihrem Bett steht abends das Körbchen. Bald rutscht es zur – stets offenen – Schlafzimmertür, etwas später steht es in der Diele, und schließlich hat es seinen endgültigen Standort erreicht. Der sollte so gewählt sein, daß er dem Hund einerseits ein Rückzugsgebiet gewährt, ihn aber andererseits auch an den Geschehnissen in Haus oder Wohnung teilnehmen läßt. Wie lange diese Eingewöhnung dauert, hängt vom Wesen des Hundes und von der liebevollen Konsequenz des Besitzers ab.

Wort zu verbinden. In dringenden Fällen kann später dem erwachsenen Tier deshalb auch auf einem Kurzspaziergang diese Leistung abverlangt werden (siehe Seite 65).

Vorrang vor Entleerungs– , Schlaf- und Ruhe-Bedürfnis des achtwöchigen Hundes hat allerdings das Fressen. Der eigene Futternapf und die Wasserschale sollten am zweckmäßigsten aus starkem Plastik oder Metall und am Boden mit einer Gummileiste (für stabilen Stand) versehen sein.

Halsband und Leine hatte der neue Besitzer schon beim Abholen des Hundes dabei, ein oder zwei Spielzeugknochen aus Hartgummi oder noch besser getrockneter Büffelhaut finden sich außerdem im Hundekörbchen. Mehr braucht der junge Hund für den Anfang nicht – außer einem: sehr viel Einfühlungsvermögen seiner Menschen, die lernen müssen, ihren neuen Hausgenossen richtig zu verstehen.

Hierdurch wird der Welpe derart konditioniert, daß er die spätere Erziehung leichter akzeptiert und annimmt. Denn er hat eine wichtige Grundeigenschaft bereits im Ansatz erworben: Vertrauen in seinen Menschen.

Noch ein Wort zur Stubenreinheit: Wann immer es geht, sollte der Welpe an den dafür vorgesehenen Ort außerhalb von Haus oder Wohnung geführt werden. Bei den ersten Anzeichen der Entleerung sofort ein aufforderndes Kommando geben, das von nun an nur mit diesem Vorgang verbunden ist.

Der Hund lernt so, den Entleerungsvorgang und das dazu auffordernde

Der Hund und sein Mensch

Geschäft auf Gegenseitigkeit

Mensch und Hund sind zwei völlig artverschiedene Lebewesen – und dennoch leben sie seit Tausenden von Jahren zusammen (siehe dazu auch Seite 8–9).
Möglich ist dieses Miteinander in erster Linie durch ihre auf unterschiedlichem Niveau ähnliche Sozialstruktur geworden. Und die hat mit Sicherheit beiden Arten einen Gewinn an Versorgung und Schutz gebracht.
Bis zum heutigen Tag wird dadurch das Verhältnis zwischen Mensch und Hund bestimmt, auch wenn sich die Erwartungen des Menschen an das Tier im Laufe der Kulturgeschichte verändert und bis ins Symbolische verfeinert haben.

Ein Herz und eine Seele!

Grundlage dieses Geschäfts auf Gegenseitigkeit zwischen Hund und Mensch, sind der Wunsch des Hundes, sich in eine soziale Gemeinschaft einzugliedern, seine Fähigkeit, sich dem so andersartigen Menschen mitzuteilen und seine Intelligenz, im Gegenzug Mitteilungen des Menschen richtig zu deuten.
Der Mensch bietet dem Hund als Gegenleistung dem Tier akzeptable Lebensumstände und die Sicherheit, die sich durch ein klares Sozialgefüge ergibt.
Damit dieses Verhältnis zwischen Mensch und Hund problemlos und zu beider Zufriedenheit funktioniert, müssen beide Grundkenntnisse der Sprache des anderen erlernen. Beim Hund heißt das Erziehung, vom Menschen wird dabei Beobachtungsgabe und Einfühlungsvermögen in die Verhaltensmuster des Hundes erwartet.

Hier kann keiner die Verwandtschaft leugnen! Ein Hundepaar mit seinem heranwachsenden Sprößling

So sieht ein Golden die Welt

Dem Mensch als „Augentier" wird immer wieder der Hund als „Nasentier" gegenübergestellt. Das ist insofern richtig, als Hunde bis zu hundertmillionenmal (!) besser Duftstoffe aus ihrer Umwelt aufnehmen und orten können als Menschen.
Doch auch Augen und Ohr sind empfindsamer als die entsprechenden menschlichen Sinne. Hundeaugen erfassen selbst kleinste Bewegungen, die Menschen allemal entgehen. Hundeohren können Tonfrequenzen selbst bis zu 80 000 Schwingungen pro Sekunde wahrnehmen, Menschen hören jenseits der 20 000 nichts mehr.
Je nach Rasse wurden im Laufe der Nutzhundezucht diese phänomenalen Fähigkeiten als Zuchtziele noch weiter betont. So entstanden zum Beispiel „Spezialisten" wie Jagdspürhunde, die vor allem mit der Nase arbeiten.
Der Golden Retriever ist ein Nasenhund, der zusätzlich Augen und Gehör bei der jagdlichen Nachsuche einzusetzen lernte, ein Hund also, dessen kompletter Sinnesapparat auf Höchstleistungen getrimmt ist.
Typisch dabei ist, daß der Golden Meldungen eines Sinnesorgans an sein

Hirn mit denen anderer Sinne kombinieren kann – und daraus die für sein selbständiges Handeln richtigen Folgerungen zieht. Und richtig sind in den Augen des Menschen nur jene, die er im jeweiligen Moment von seinem Hund erwartet.
Daß der Golden Retriever dies kann, ist eine der großen Leistungen des Hundes, für die bereits die ersten Züchter die genetischen Grundsteine legten. Ihrer Zuchtwahl ist es zu verdanken, daß der Golden heute

- mit einem wesentlich breiteren und größeren Blickfeld als bei anderen Hunderassen auch marginale Bewegungen im äußersten Blickwinkel registriert,

Wasserspiele!

◆ selbst geringe Duftspuren mit einem dafür bestimmten, stark vergrößerten Hirnteil (etwa zehnmal so groß wie beim Menschen, geringfügig größer als bei anderen Rassen) eindeutig findet,

◆ aus einem Geräuschpegel für Mensch und Hund wichtige akustische Signale aus größerer Entfernung als der Mensch und klarer definiert als bei anderen Rassen herausfiltert.

Dazu kommt die dem Golden inzwischen wohl angeborene Fähigkeit, Eindrücke aller drei Sinne zu kombinieren und in vom Menschen befohlene oder von ihm erwünschte Handlungen umzusetzen. Unter den Hunden macht diese genaue Sicht der ihn umgebenden Welt den Golden zu einem seltenen und hochtalentierten Generalisten.

Das zeigt sich auch in der Beschreibung seines Wesens aus jagdlicher Sicht. Prädestiniert als Jagdhund (vgl. Seite 20–21) werden dem Golden Retriever folgende Fähigleiten abverlangt:

- Führigkeit
- Bindung an den Herrn
- Nasenveranlagung
- Aufmerksamkeit
- Wesenssicherheit
- Stöbertrieb
- Bringtrieb

All das hat der kleine Golden Retriever-Welpe von acht Wochen, der jetzt gerade in seinem neuen Heim gelandet ist, für seine zukünftige Familie bereits als Mitgift dabei.

Nun braucht er neben guter Pflege und speziell auf seine Bedürfnisse abgestimmter Ernährung eine ebenso konsequente wie liebevolle Erziehung.

Auch Ruhepausen müssen sein!

Die Welpen-Schule

Der Welpe muß Erfahrungen sammeln und sie verwerten. Als sich selbst erziehender Hund würde auch ein Golden Regeln nach Hundeart setzen, die nur die Notwendigkeiten eines tierischen Rudels und nicht die Regeln des Zusammenlebens mit Menschen berücksichtigen.
Konfrontationen mit dem Menschen wären so unvermeidbar – nicht nur für den Menschen eine belastende Situation, sondern auch für den Hund. Der will Klarheit über Gebote und Verbote, seine Stellung in der Familie und seine Aufgaben in der Umwelt haben. Sanftheit, Liebe und Gutmütigkeit als Erziehungsprinzipien reichen dabei nicht aus. Aus der Sicht des Hundes, auch des Golden, ist das Schwäche. Und das signalisiert gerade diesem Hund, selbst die Führung zu übernehmen. Was auch beim gutmütigen Golden zu Konflikten führt. Sie sind es, die den Ton angeben, nur so können Sie Ihren Hund beispielsweise vor Gefahren im Stadtverkehr bewahren oder in anderen Situationen lenken.
Allerdings macht der Golden seinem Besitzer die Erziehung sehr leicht: Schon als Welpe läßt er sich über Tonfall und Lautstärke dirigieren.
Wie alle Welpen will auch der Golden nur eins: seinem Rudelboß gehorchen,

ihn dadurch freundlich und zufrieden stimmen.
Zwischen der achten und der zwölften Lebenswoche besitzt der Welpe die Gabe größter Lernfähigkeit. In diese Zeit fallen die entscheidenden Prägeerlebnisse, die später die Intensität der Bindung des Hundes an seinen Menschen bestimmen. In dieser Zeit werden aber auch die Grundlagen für die weitere Lernfähigkeit des Hundes geschaffen.
Die Methode dafür ist einfach: Statt aus Strenge und Strafen besteht sie aus Konsequenz und Belohnungen. Erziehung durch spielerische, wohlüberlegte Beschäftigung mit dem Tier ist dabei der richtige Weg.
Maximal vier Monate darf diese Phase dauern, in der das Hündchen alle wichtigen Schritte vom Welpen bis zum Hund zurücklegen muß. In dieser Zeit werden alle Grundsteine für späteres Wohl- oder Fehlverhalten gelegt, jetzt entscheidet sich, was aus dem Kleinen später einmal wird.

Der Welpe und seine Familie

◆ *Die Stellung im Rudel*

Wer ist hier der Boß? Das ist für den Welpen die entscheidende Frage, und sie muß deshalb eindeutig und klar beantwortet werden.
Der Hundmuß wissen, wer das „Alphatier", also der Rudelführer, unter den Menschen ist. Was ist erlaubt, was ist verboten? Damit der Welpe, der bei Menschen ja voraussetzt, daß sie wie Hunde denken und handeln, die neuen Spielregeln versteht, muß er zu allererst seiner eigenen Position sicher sein. Hat er einmal begriffen, daß seine Menschenfamilie aus dem Rudelführer und im Rang über ihm stehenden Beta-Tieren besteht, fühlt er sich sicher und vertraut sich der Führung seines Rudels an.

Wichtig: Bei der Erziehung braucht der Hundewelpe unmißverständliche, klare Begriffe und Kommandos in aufforderndem Tonfall. Babysprache ist völlig unangebracht und irritiert den Hund.

Sitz!

◆ *Handlungsspielraum*

Das kleine Kerlchen muß über Jahrtausende gewachsene hündische und wölfische Erfahrungen am eigenen Leib machen: Handlungen, die unangenehme Konsequenzen mit sich bringen, sind zu vermeiden. Handlungen, die belohnt werden, sind zu wiederholen. Freundlichkeit und Schmeichelei dem „Alpha-Tier" gegenüber sind stets eine kluge Strategie.

Diesen eigentlich nicht sehr umfangreichen Erwartungs-Katalog seines kleinen Golden hat dessen Besitzer nun auf möglichst angenehme, aber unbedingt auch eindeutige Weise zu erfüllen.

Viele Wege und Methoden führen dahin, die den Umfang dieses Buchs sprengen würden (empfehlenswerte Literatur dazu finden Sie im Anhang auf Seite 91–92).

Platz!

Unser Tip

Schaffen Sie sich einen Befehlskatalog aus kurzen, einfachen und eindeutigen Begriffen, den Sie konsequent beibehalten. Und vergessen Sie nie liebevolles Lob!

Gehorsam ist oberstes Gebot

Der Welpe muß lernen, daß er sich, ohne Widerspruch durch Knurren oder gar Beißen anzumelden, sowohl Futterschüssel als auch Spielzeug oder Knochen wegnehmen lassen muß. Protestiert er dagegen, folgt als „Strafe" ein harter Ordnungsruf („Aus!", „Nein!" oder „Pfui") – bei den meisten Golden reicht das – oder ein Griff mit der Hand über die kleine Hundeschnauze, maximal aber ein Griff ins Nackenfell, verbunden mit leichtem Schütteln.

Was der Hund dabei lernen soll, ist nicht der konkrete Vorgang „Das Futter wird weggenommen", sondern die dem zugrundeliegende allgemeine Situation: Das Alpha-Tier kann jederzeit über all das bestimmen, was scheinbar mir gehört.

Ein kleines Täuschungsmanöver erleichtert das Akzeptieren dieser Tatsache. Dafür halten Sie dem Hund als Austausch gegen den Futternapf einfach ein Spielzeug hin. Das Tier wird darauf positiv reagieren. Wiederholen Sie den Vorgang einige Tage (ohne den Hund damit zu ermüden) immer mal wieder und lassen Sie allmählich das Spielzeug weg. Bald hat der Hund das Tauschgeschäft vergessen, über eine positive Motivation aber gelernt, daß sein Besitzer an den Futternapf darf.

Von Anfang an muß der Welpe lernen, an der Leine zu gehen. Das geschieht am leichtesten, wenn das erste Halsband und die erste Leine möglichst leicht sind. Auch damit darf sich kein Zwang verbinden, das Tier sollte zum Mitgehen positiv animiert werden. Das kann durch sprachliche Lockmittel und „Leckerli" (siehe dazu Seite 67) geschehen, ausgenutzt werden

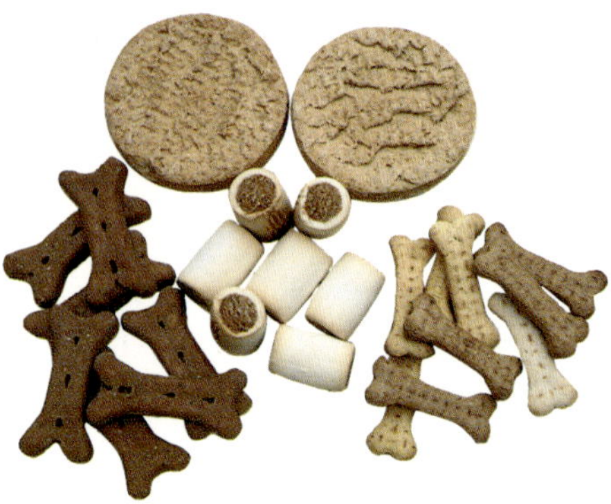

Pfui! – Strafe muß sein . . .

kann dafür aber auch der Herdentrieb des Tiers: Der Welpe möchte bei seiner Meute sein, am besten an der Seite ihres Führers.

Eine Grundlektion ist das Kommen auf Zuruf. Auch hier ist der Hundelehrer am erfolgreichsten, der das Signal mit einem positiven Erlebnis für den Hund verknüpft – einer Belohnung. Deshalb auch niemals einen Hund, der auf Zuruf gekommen ist, für eine, kurz zuvor begangene Sünde bestrafen. Die wird der Hund nicht mit dem unangenehmen Erlebnis verknüpfen, sondern seine letzte unmittelbare Handlung, das Herbeikommen.

Auch der Besitzer eines besonders treuherzig und intelligent in die Welt schauenden Golden Retriever muß sich klar machen, daß Denkvermögen, Reue, Pflichtgefühl und Dankbarkeit

... aber in der Regel kommt man mit Geduld und Lob besser ans Ziel!

menschliche Kategorien sind. Der Hund kennt sie nicht. Er handelt nach Zweckmäßigkeit (wenn er dazu erzogen ist) und – wenn man ihn läßt – nach Impulsen und Trieben.
Nüchtern betrachtet ist Hundeerziehung also ein mit Geduld und ohne Härte durchgeführtes Überlisten und Ausnutzen der natürlichen Anlagen des Tiers. Ihr Zweck ist allein, den Hund so zu konditionieren, daß sich ein Zusammenleben von Tier und Mensch für beide Seiten möglichst angenehm gestaltet.

Belohnung und Bestrafung

Wer Golden Retriever mit hartem Zwang und gar körperlichen Züchtigungen zu erziehen versucht, versündigt sich nicht nur an den schönen Tieren: Er tut vor allem sich selbst keinen Gefallen. Handscheu können die Hunde werden und im schlimmsten Fall sogar Beißer, aus Angst oder fehlgeleiteter, unterdrückter Aggression.
Die ideale Erziehung baut deshalb vom Welpenalter an stets auf Belohnungen (Lob, Streicheln, ggf. auch mal eine Leckerei) auf. Allein damit

lassen sich das spätere Verhaltensmuster, die Fähigkeiten und das Benehmen des Hundes optimal anlegen. Je positiver ein gewünschtes Verhalten dem Hund erscheint, umso williger und leichter wird er es erbringen.
Dennoch ist selbst der freundlichste Hundeerzieher nicht vor Enttäuschungen und Rückfällen geschützt. Dann heißt es geduldig sein, die Übung wiederholen bis alles klappt.
Sinnvoll ist es, in der Anfangsphase der Hundeerziehung alle Triebe für die Erfüllung einer bestimmten Aufgabe zu nutzen. Hunger und Meutetrieb sind dabei die stärksten Motive. Hat der Hund dann spielerisch, möglicherweise nach vielen Irrtümern und Fehlhandlungen, das Erwünschte getan, muß dieser Vorgang gefestigt werden. Der richtigen Handlung sollte deshalb stets, noch während der Hund im Begriff ist, sie auszuführen, das entsprechende Kommando folgen. Anschließend muß der Hund gelobt und/oder belohnt werden.
Fazit: Aus einem Trieb heraus hat der Hund etwas, was er ohnehin gern tut, in einer ganz bestimmten Form getan. Dabei hat er sogar einer Weisung seines Herrn gehorcht und ist schließlich dafür auch noch belohnt oder gelobt worden. Wird dieser Vorgang immer wieder, konsequent und liebevoll, geübt, festigt sich im Tier dessen Ablauf. Freudig wird es ihn auf Aufforderung wiederholen.
Der große Verhaltenswissenschaftler Konrad Lorenz formuliert es so: „Es muß unbedingt im Tier die Einstellung erhalten bleiben, daß es die entsprechende Übung nicht ausführen muß, sondern ausführen darf."

Golden Retriever und Kinder

Eine „Amme auf vier Beinen" nannte eine deutsche Illustrierte den Golden Retriever. Da ist was dran, wobei es allerdings auf den Standpunkt ankommt, was der einzelne von einer Amme erwartet.
Charakterliche Stabilität und der nicht vorhandene Kampftrieb des Golden machen ihn zum gut geeigneten Fami-

lien- (und Kinder-) Hund. Der Wachtrieb des Golden ist ausreichend ausgeprägt, genauso Schutztrieb und Schärfe, die den Hund veranlaßt, im Notfall für seine Familien-Mitglieder einzutreten. Oft reicht ein Drohknurren und der Anblick des kräftigen Hundes ohnehin aus. Dennoch sind weder Golden noch andere Hunde (Einzelfälle ausgenommen) als selbständige Kindeshüter geeignet. Besonders nicht, wenn die Hunde noch jung und die Kinder noch klein sind. Zuviele Mißverständnisse können zwischen Hund und Mensch auftreten, zu leicht kann aus einer falschen Reaktion, aus unabsichtlich zugefügtem Schmerz, aus Fehlverhalten von Dritten, ein kleines (oder größeres) Drama werden.

Golden und Kinder sind gute Gefährten, wenn die Kinder etwas älter und der Golden sorgfältig erzogen ist. Regeln für den Hund lassen sich dabei nicht aufstellen, wohl aber ein paar Pflichten für die Kinder:

◆ Sie müssen wissen, daß der Hund ein Lebewesen und kein Spielzeug ist.

◆ Sie müssen lernen, die elementaren Lebensäußerungen des Tiers zu respektieren, es weder quälen, noch beim Fressen oder Schlafen stören.

◆ Sie dürfen das Tier nicht zu Handlungen verleiten , die ihm gemäß seiner Erziehung verboten sind.

◆ Sie müssen wissen, daß sie trotz ihrer eigenen, höheren Stellung im Familienverband den Hund nicht in Positionen drängen dürfen, in denen dieser nur noch Ärger oder Eifersucht empfindet.

Wenn Kinder in diesem Sinn verständig mit ihrem Golden umgehen, haben sie einen wunderbaren Spielgefährten und treuen Freund. Oft spendet er Trost, wenn sie mit ihren gelegentlichen schulischen, pubertären und gesundheitlichen Problemen zu kämpfen haben.

Untersuchungen in den USA zeigen, daß Hunde bei jungen Menschen Lebensfreude, Verantwortungs- und Selbstbewußtsein, Wissensdrang und Ordnungsliebe wecken und stärken können. Manche Kinderärzte setzen dort den besonders geeigneten Golden deshalb sogar gezielt bei der Therapie autistischer oder psychisch gestörter Kinder und Jugendlicher ein.

Auch in Deutschland gibt es dafür erste Ansätze. Längst hat sich die Erkenntnis verbreitet, daß Hunde und Kinder sich ideal ergänzen. Der Golden ist wegen seiner Charaktereigenschaften für diese Partnerschaft besonders prädestiniert.

Golden Retriever und ältere Menschen

Seine leichte Lenkbarkeit, Sanftheit und das Interesse am Wohlbefinden seines Besitzers macht den Golden zu einem angenehmen Begleiter auch für ältere Menschen. Besonders deshalb, weil sich Golden auf Menschen einstellen können, die nicht mehr Kraft genug haben, mit ihrem Tier um die Wette zu laufen und zu raufen. Für Hund und Mensch bedeutet das, daß beide auch den langsameren und kürzeren Spaziergang zum gemeinsamen, schönen Erlebnis gestalten können. Golden (und Golden-Labrador-Mischlinge) haben wegen ihrer Lernfähigkeit und der Freude, sich auf die Bedürfnisse seines Menschen einzustellen, Karriere als Blindenführhunde gemacht. Eben diese Eigenschaften machen sie auch – gute Erziehung vorausgesetzt – zu willkommenen Partnern für Senioren. Ob die sich freilich noch die Erziehung eines Welpen mit allen Schwierigkeiten und der dafür notwendigen Geduld zumuten wollen, muß jeder einzelne für sich entscheiden.

Wer sich das nicht zutraut und dennoch einen Golden haben möchte, sollte sich an einen der beiden Clubs wenden: Immer wieder kommt es vor, daß ein Schicksalsschlag einen wohlausgebildeten, sanften und netten Golden plötzlich heimatlos gemacht hat. Gute Züchter nehmen solche Hunde aus ihrem eigenen Zwinger meist zurück. Und sie sind dankbar, wenn sich für diese Tiere dann ein neues gutes Zuhause findet. Gelegentlich wartet so ein Golden aus ähnlichen Gründen auch im nahegelegenen Tierheim. Lassen Sie sich die Vorgeschichte des Hundes in jedem Fall genau erzählen.

Freundschaftliche Beziehungen werden gerne gepflegt

Der Golden und andere Tiere

Erstaunlich – da wird eine Hunderasse seit rund anderthalb Jahrhunderten als Jagdbegleithund geführt und ist der übrigen Tierwelt gegenüber dennoch keine reißende Bestie.
Golden sind keine Hetzjäger, wurden nie als Killer-Maschinen durch Forsten und Seen gehetzt, sondern waren stets Apporteure, die ihrem Jäger eine bereits tote Beute unversehrt zuzutragen hatten. Das hat die Rasse gegen Angriffsgelüste auf andere Tiere weitgehend immun gemacht.
Mit Haustieren fremder Arten können sich Golden gut arrangieren. Sie gelten ihnen als Familienmitglieder ganz am Ende der Hierarchie, die den Schutz des Territoriums unter der Autorität des Alpha-Tiers genießen. Schon von klein auf sollten Welpen an die Mitbewohner gewöhnt werden. Nicht selten entsteht eine innige, lebenslange Freundschaft.
So manche Mieze hat sich mit Frechheit und Schmusen Goldies Herz im Sturm erobert.
Ähnliches gilt für Kleinsäuger und Vögel – auch von herzlichem Zusammenleben von Papageien und Golden berichten deren Besitzer. Dennoch: Lassen Sie die Tiere niemals allein in einem Raum! Sie sprechen nun einmal verschieden (Tier)Sprachen.
Was auf heimatlichem Gebiet so friedlich und harmonisch klappt, hat auf freiem Feld nur begrenzt Geltung: Für die Sicherheit einer fremden Katze kann der Besitzer eines freilaufenden Golden nur dann garantieren, wenn sein Hund das Kommando „Hierher!" nicht nur kennt, sondern auch sofort befolgt.
Mit Hunden aller Rassen verstehen sich Golden Retriever dagegen ohne jedes Problem. Allerdings sollte der Besitzer bereits den Welpen, der mit seiner Wurffamilie in der Regel auch den Kontakt zu anderen Hunden verlor, immer wieder mit anderen Junghunden zusammenbringen.

Futter, Pflege, Freizeit

Streicheleinheiten erhalten die Freundschaft

Golden Retriever stellen im Hinblick auf Futter und Pflege keine hohen Ansprüche an den Menschen, wesentlich höhere dagegen an dessen soziale Funk- tion. Hier läßt sich Nützliches mit Angenehmem verbinden. So mancher Futterbrocken wird zur Belohnung, aus der Fellpflege werden Streicheleinheiten. Bald entsteht eine vertraute Routine, die für Mensch und Hund zum liebgewonnenen Ritual werden kann. Dabei noch ein Wort zu den „Lekkerlis“: Futter ist niemals Ersatz für liebevolle Zuwendung oder Lob. Lob plus Leckerei (speziell für Hunde oder aber ein Stück vom Lieblingsobst oder -gemüse des Hundes) als besondere Anerkennung für eine Leistung des Hundes sind in Ordnung, solange das Tier sich nicht daran gewöhnt, für jedes freundliche Schwanzwedeln mit Belohnungshappen vollgestopft zu werden.

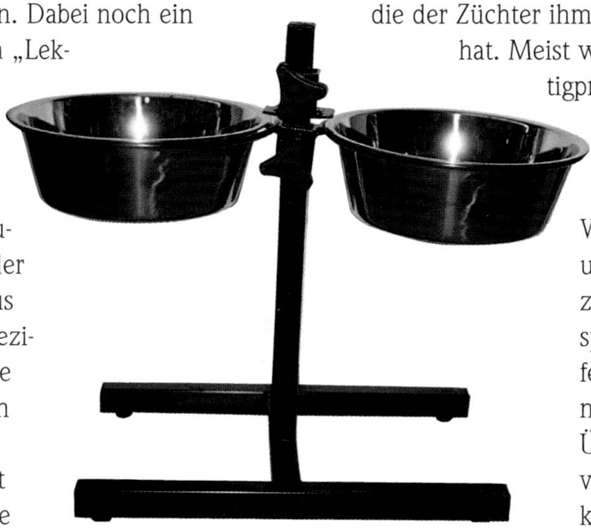

Der Golden-Speiseplan

Golden sind keine heiklen Fresser. Das beginnt schon beim Welpen. Der neue Besitzer sollte sich zunächst an das Futter und an den Futterplan halten, die der Züchter ihm empfohlen hat. Meist werden das Fertigprodukte von einem der großen Hersteller sein, Welpenmilch und Welpenbrei zum Beispiel, später dann feuchte Fertignahrung.
Über den Wert von Fertigfutter kann es heute

Futterplan (Tagesration ca. 500–600 g)	
Alter	*Verteilung der Tagesration auf*
8.–12. Woche	4 Mahlzeiten
3.–7 Monat	3 Mahlzeiten
7.–12. Monat	2 Mahlzeiten
ab 12. Monat	1–2 Mahlzeiten

eigentlich keine Diskussion mehr geben: Es ist wissenschaftlich exakt untersucht und wird bei der Produktion peinlich genau kontrolliert. Deshalb bietet es für Hunde jeden Alters alle notwendigen Nahrungsbestandteile.Gerade das spezielle Welpen-Aufzuchtfutter berücksichtigt neben dem Kaloriengehalt auch die richtigen Anteile an Vitaminen und die genaue Dosierung an Mineralstoffen.

Wer dennoch Zeit- und Kostenaufwand nicht scheut und den Speisezettel seines Golden aus der eigenen Küche füllen möchte, der findet im Anhang zwei Tips für Spezialliteratur.

Fertigfutter oder selbst zubereitetes Menü – an eins sollten Sie sich stets halten: an einen geregelten Futterplan und an Futtermengen, um den Kleinen nicht unversehens zur fetten Walze zu nudeln.

Achten sollten sie in diesem Alter darauf, daß der Welpe nicht zuviel Eiweiß erhält. Mehr als ein Viertelanteil von Proteinen im Futter kann beim kleinen Golden ein zu schnelles Knochenwachstum mit fatalen Folgen auslösen, einer Hüftdysplasie (siehe Seite 80–81) zum Beispiel.

Wenn das 8–9 Wochen alte Tierchen zu Ihnen kommt, sollte es bis zur 12. Woche mit vier Mahlzeiten täglich bei Laune und Gesundheit gehalten werden. Jede Mahlzeit, ob mit lauwarmem Wasser angerührtes Trockenfutter oder bereits durchnäßtes Feuchtfutter, entspricht – im feuchten Zustand – dem Inhalt einer Kaffeetasse (ca. 120– 180 g). Ob Sie richtig füttern, erkennen Sie daran, daß der Hund weder zu pummlig noch sehr schlank wirkt. Sind die Rippen unter dem Fell nur mühsam zu ertasten, haben Sie des Guten zuviel getan.

Zuviel Futter und damit starkes Wachstum, meist durch besonders eiweißreiche Nahrung verursacht, kann dem Golden ein chronisches Leiden zufügen: Die bis zu einem Jahr noch weichen Knochen und vor allem die Gelenke müssen dann einen viel zu schweren Körper tragen. Hüftdysplasie kann die Folge sein.

Wächst der Welpe heran, reduziert sich die Zahl der Mahlzeiten: mit drei

Monaten gibt es nur noch dreimal am Tag Futter, ab dem siebten Monat nur noch zweimal. Später dann kann die zweite Mahlzeit ganz durch zwischendurch verabreichte Hundekuchen (Belohnung) ersetzt werden.

Empfohlen wird von vielen Züchtern eine Mischernährung von fleischhaltigem Dosenfutter (oder Frischfleisch, Pansen etc.) und Hundeflocken mit hohem Kohlehydratgehalt. Hundeflocken immer sehr feucht anrühren und außerdem stets den Trinkwasserbedarf des Hundes befriedigen.

Rüden brauchen in der Regel mehr Futter als Hündinnen. Beide Geschlechter aber zeigen die gleiche Gier, und gerade Hündinnen können in unglaublichem Maß verfressen sein. Geben Sie deshalb selbst dem rührendsten Betteln nicht nach. Ist das Tier einmal verfettet, bringt das nicht nur ein ästhetisches Problem für den Menschen, sondern vor allem ein gesundheitliches für den Hund.

Faustregel deshalb: Ca. 350 Gramm Fertignahrung (z. B. Dose) und eine gute Handvoll Getreideflocken reichen für eine Tagesration aus. Von Hund zu Hund ist das unterschiedlich, behalten Sie deshalb Statur und Gewicht Ihres Golden immer im Auge.

Und noch eine wichtige Warnung: Niemals Schweinefleisch oder -knochen füttern! Schweine können die (für Menschen gefahrlose) Aujeszkysche Krankheit („Pseudowut) übertragen. Sie beginnt mit Erbrechen, Speichelfluß, Apathie, Unruhe und Angstsymptomen und endet in wenigen Tagen tödlich. Erreger ist ein von vermutlich durch Ratten übertragener Virus. Eine sichere Therapie dagegen gibt es bisher nicht.

Unser Tip

Knochenfütterung ist umstritten, zur Reinigung der Zähne eignen sich auch Büffelhautknochen oder harte Hundekuchen. Den Kalkbedarf deckt die Fertignahrung und ab und zu ein gekochtes Ei mit Schale.

Noch immer hält sich das Gerücht, Knochen seien ein besonders geeignetes Hundefutter. Das ist falsch – es ist nur billig. Im Übermaß kann es zu Verstopfungen oder zu Verkalkungen führen. Ganz besonders zu vermeiden sind Geflügelknochen: Sie splittern leicht und können zu Verletzungen in Schlund und Rachenraum führen.

Fell- und Körperpflege

Ein Hundefigaro muß der Golden-Freund nicht werden – und auch nicht täglich mit Kamm und Bürste hantieren. Einmal pro Woche eine gründliche Reinigung genügt. Dabei wird das Fell gekämmt und mit einem Hundehandschuh durchgestriegelt.
So entfernen Sie lose Haare, können bei dieser Gelegenheit den Hund aber auch auf Verletzungen und Hautparasiten untersuchen.

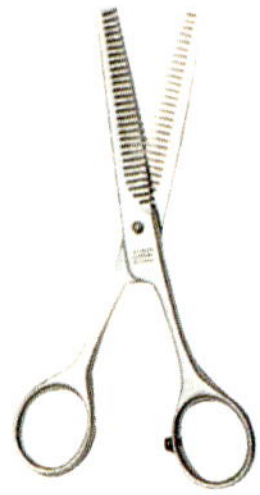

Baden sollten Sie den Golden nie, schon gar nicht mit irgendwelchen, wie auch immer gepriesenen Shampoos. Die reizen nur die Hundehaut und zerstören deren natürlichen Schutzfilm. Ist eine Generalreinigung nach einem Schlamm-Spaziergang notwendig, dann duschen Sie den Hund in der Badewanne lauwarm ab und frottieren ihn sorgfältig trocken.
Soviel zur Pflicht, doch daneben gibt's auch noch die Kür: Golden genießen Fellpflege. Deshalb sollte der liebevolle Besitzer außer der gründlichen Wochen-Striegelei sein Tier auch durch tägliches Fellbürsten erfreuen. Naturborsten eignen sich dafür gut,

den, ansonsten reicht ein gelegentliches feuchtes Auswischen des Außenohrs und der Ohrunterseite.

Läuft der Golden meist auf weichem und selten auf steinigem oder hartem Untergrund, kann es zu verstärktem Krallenwachstum kommen. Lassen Sie sich vom Tierarzt zeigen, wie man die Krallen kürzt, ohne den Hund dabei zu verletzen.

aber auch Drahtborsten mit abgerundeten Enden. Der Hund freut sich, und durch die verstärkte Hautdurchblutung bekommt er auch noch ein besonders schönes Fell.
Durch Kletten und Haarverknotungen entstandene Filzklumpen im Fell, besonders unter Behängen und an Pfoten, schneiden Sie am besten aus.

Regelmäßig sollten die Ohren des Golden inspiziert werden. Zeigt sich dabei Ausfluß oder stellen Sie einen strengen Geruch fest, muß der Tierarzt aufgesucht wer-

Freizeit und Urlaub

Golden Retriever wollen beschäftigt werden. Sinnloser Müßiggang aber frustriert sie. Und Golden-Frust kann zum Beispiel zu einem angenagten Wohnzimmerteppich führen.
Deshalb sollte schon der kleine Golden an Such- und Apportierspiele gewöhnt

Golden Retriever mit Apportier-Dummy

werden, von denen auch der erwachsene noch begeistert sein wird. Außerdem sind Spaziergänge, verbunden mit Apportier-Übungen, Joggen und Fahrrad-Touren gute Übungen für die Gesundheit von Mensch und Hund. Vorsicht beim Fahrradfahren mit danebenlaufendem Hund! Nie zu lange und zu schnell – und niemals mit jungen Hunden unter anderthalb bis zwei Jahren. Zu langes Laufen schadet der noch weichen Knochen- und Gelenkstruktur.

Empfehlenswert dagegen sind Ausbildungsgänge für den Golden, bei der Hund und Mensch zu besonders intensiver gemeinsamer Tätigkeit gezwungen sind. In Deutschland sind das zum Beispiel die Begleithundeprüfungen 1 und 2, vor allem aber der neue Hundesport Agility, bei dem das Bewegungsbedürfnis der Tiere mit Gehorsams- und Geschicklichkeitsübungen verknüpft wird. Im Gegensatz zu manchen anderen Hundesportarten geht das Tier ohne Leine

und nur durch Kommandos gelenkt über einen Parcours. Informationen darüber erhalten Sie über den Verband für das Deutsche Hundewesen (VDH) oder über DRC und GRC.
Wer seinen Golden jagdlich ausbilden will, kann sich beim Jagdgebrauchshundverband e.V., informieren.
Jagdähnliche Erlebnisse vermittelt auch die Dummy-Prüfung mit dem Golden. Dabei werden jagdliche Aufgaben simuliert – Suche, Apportieren und Finden.
Dummies sind tote Gegenstände als Ersatz für geschossenes Wild. Ein Tennisball kann zum Dummy werden, besser aber sind speziell für den Dummy-Sport angefertigte Apportier-Geräte (hantelähnliche Hölzer o. ä.).
Bei der Dummy-Prüfung muß der Golden nur nach ganz bestimmten Regeln genau das tun, was ihm ohnehin im Blut liegt: das Auffinden und Herbeibringen einer Beute. Diese Art der Beschäftigung ist gerade für Golden sogar noch effektiver als die gleichfalls gut geeigneten Agility-Wettbewerbe. Denn nur bei der Dummy-Prüfung kann der Golden seine Spezial-Fähigkeiten so eindrucksvoll beweisen. Und wird das auch mit großem Enthusiasmus tun.

Freundschaftliche Spiele

Als Dummy sollte der schlaue Besitzer niemals einen gefundenen Ast oder einen aufgelesenen Stock benutzen. Zum einen besteht dabei Verletzungsgefahr für den Hund: Spitze, abgebrochene Aststückchen können sich in den Gaumen bohren. Zum anderen aber besteht die Möglichkeit, daß der Hund den gerade geworfenen Holzteil nicht findet und an seiner Stelle einen beliebigen Ast apportiert. Hund und Herr verpassen dadurch den wesentlichen Teil und den tieferen Sinn des Dummy-Spiels.
Den meisten Menschen wird es selbstverständlich sein, den Golden mit in die Ferien zu nehmen, denn der Hund leidet unter einer Trennung von seiner Familie.
Führt die Reise ins Ausland, ist der Internationale Impfpaß erforderlich (oft zusätzlich ein amtstierärztliches Attest über Tollwut-Impfungen).
In einigen Ländern haben sich inzwischen Hotels und Pensionen nicht nur auf die Unterbringung von Gästen mit Hunden spezialisiert, sondern stellen darüber hinaus sogar noch einen ganz besonderen Service zur Verfügung: Kurse für alle möglichen Prüfungen, die der Hund während des Urlaubs ablegen kann.
Vorbildlich ist dabei ganz besonders Österreich. Über Reisebüros oder den österreichischen Fremdenverkehrsverband können Sie eine Liste solcher Unterkünfte anfordern, die auf diesen Sonderservice eingestellt sind.
Südlicher als Österreich sollte übrigens im Sommer kein Urlaub mit dem Golden Retriever führen: Diese Hunderasse ist hitzeanfällig. Ein Urlaub in gleißender Sonne ist nichts für diesen Hund, dessen Ahnen aus den naßkühlen Wäldern Kanadas stammen.

Krankheiten und deren Behandlung

Der gesunde Golden

„Fünf Jahre ein junger Hund, fünf Jahre ein guter Hund, fünf Jahre ein alter Hund.“
Dieser auf das Leben eines Jagdhundes bezogene, pragmatische Jägerspruch ist nicht allein auf den Golden Retriever gemünzt, ist aber auf diese Rasse durchaus zutreffend.
Fünf Jahre lang investiert der Jäger in seinen Hund, arbeitet mit ihm, erzieht ihn und muß in dieser Zeit mit Jugendfehlern rechnen. Die nächsten fünf Jahre bringt ihm dann die Dividende für seine Mühen: Der Jäger

Bei optimaler Pflege bleiben Golden lange vital und gesund

erntet in reichem Maß das, was er gesät hat.
Im letzten Lebensdrittel heißt es Rücksicht nehmen. Der alternde Hund wird vom Gehilfen zum Begleiter. Sinnesschärfe und körperliche Kraft lassen nach. Und schließlich muß der Mensch von seinem Freund Abschied nehmen.Wenn beide Glück haben, dann versagt dem Tier bei einer letzten freudigen Erregung das Herz.
Damit der Hund aber das volle Maß seiner Jahre erreichen kann, muß der Besitzer nicht nur für eine optimale Ernährung und Pflege sorgen, sondern auch Krankheiten vorbeugen, sie verhindern oder auskurieren.
Das fängt beim Golden-Welpen schon beim Züchter an. Der muß seine Jungtiere bis zur achten Lebenswoche bereits viermal entwurmt haben, damit Spul- oder Bandwürmer keine Chance

haben, den Organismus der Hundebabys zu schwächen.
In Abständen muß auch der spätere Besitzer mit diesen Wurmkuren fortfahren. Paste oder Tabletten dafür gibt es beim Tierarzt.

Wichtig: Süßigkeiten, gewürzte Speisen und gesüßte Getränke gehören nicht ins Hundemaul. Alkohol schadet einem Hund ebensosehr wie einem Kleinkind! Leckere *und* gesunde Belohnungshappen speziell für Hunde gibt es in jedem Supermarkt oder Fachgeschäft.

Impfungen und Infektionskrankheiten

Bei allen Krankheiten, gegen die eine Impfung möglich ist, muß diese als Grundimmunisierung in der 8., der 12. und in der 16. Lebenswoche der Welpen erfolgen. Danach ist sie alljährlich aufzufrischen.
Vor allem die Infektionskrankheiten, durch Viren oder Bakterien verursacht, werden Hunden gefährlich. Zum Glück gibt es einen Impfschutz dagegen (siehe Checkliste). Besonders seit in den letzten Jahren, aus dem

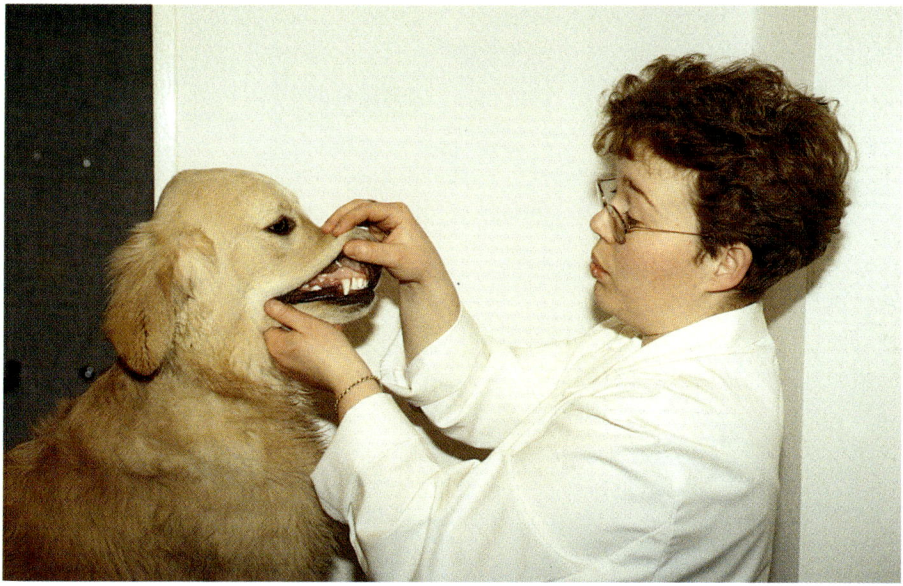

Ruhig, freundlich und routiniert wird die Untersuchung durchgeführt

Checkliste	Impfungen gegen Infektionen	
◆ *Staupe*	Viruserkrankung mit für Welpen meist tödlichem Ausgang	Fieber, Schleimhautkatarrh, 3–6 Tage Inkubation, Zusammenbruch der Immunkraft
◆ *Hartballenkrankheit*	aggressive Form der Staupe	zusätzlich starke Verhornung der Zehenballen, oft auch des Nasenspiegels
◆ *Parvovirose*	„Katzenseuche“	Durchfall, Erbrechen, bei jungen und sehr alten Hunden hohe Sterblichkeitsrate; Inkubationszeit 3–14 Tage
◆ *Hepatitis contagiosa canis*	Viruserkrankung	staupeähnliche Symptome geringere Sterblichkeitsrate, für Welpen äußerst gefährlich
◆ *Zwingerhusten*	Virusinfektion, die sich besonders in Zwingern rasch ausbreitend	harter, trockener Husten, der sofort behandelt werden muß; geringe Sterblichkeit
◆ *Leptospirose*	durch verschiedene Bakterien verursacht	unterschiedliche Symptome, oft Müdigkeit, Hinterhandschwäche,hohes Fieber, Erbrechen, blutiger Durchfall
◆ *Tollwut*	Viruserkrankung	benommener Blick, Speichelfluß, heisere Stimme, schlaffer Unterkiefer, selten: rasende Wut, absolut tödlich

ehemaligen Ostblock immer mehr nicht geimpfte „Rassehunde" in den Westen verkauft werden, ist die Impfung gegen Staupe wieder unverzichtbar geworden.
Empfehlenswert sind weitere Impfungen gegen

- Tetanus (Starrkrampf), Impfung muß nach einem, danach alle zwei Jahre wiederholt werden,
- Tuberkulose, falls im menschlichen oder tierischen Umfeld Krankheitsfälle bekannt sind, die in letzter Zeit leider wieder zunehmen.

Typische Leiden

Fast alle Hunderassen neigen heute zu spezifischen Krankheiten. Sie sind disponiert dafür, sagt der Fachmann, was bedeutet, daß bestimmte Rassen eine spezielle Störung häufiger als andere zeigen. Das kann genetische Ursachen haben, aber genauso mit dem Verwendungszweck zusammenhängen: Windhunde neigen im hohen Maß zu Knochenbrüchen, ihrer „Berufskrankheit", die bei ihnen auch noch durch Zucht gefördert worden sein mag, weil die Skelettmasse zugunsten der überentwickelten Muskulatur abnahm.
Eine Rassendisposition in diesem Sinn haben Golden für keine Krankheit. Dennoch tauchen bestimmte, nachfolgend aufgeführte Leiden häufiger als andere bei Golden Retrievern auf. Diese ließen sich durch strenge Selektionsbestimmungen (Kontrolle und Auslese) bei der Zucht über einen Zeitraum von mehreren Jahrzehnten völlig aus der Rasse eliminieren. Entsprechende Bemühungen national und international zeigen auch bereits erste Erfolge. Die früher häufigere Augen-

Ein gesunder Golden

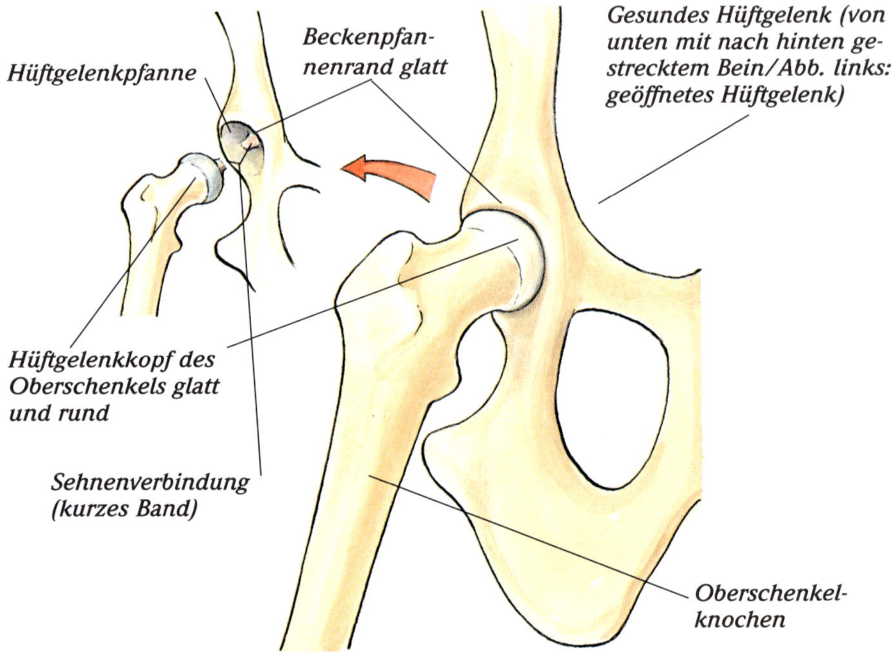

krankheit *Atrophia retinae progressiva* (PRA, Fortschreitender Netzhautschwund) zum Beispiel ist nur noch selten beim Golden zu beobachten. Dennoch sollte bei Untersuchungen auf Star-Erkrankungen stets auch ein PRA-Test durchgeführt werden.

Hüftdysplasie (HD)

Eine erbliche Krankheit, bei der sich nach der Geburt das Hüftgelenk fehlerhaft entwickelt: Der Bandapparat kann zu locker sein, die Beckenpfanne zu flach oder der darin liegende Oberschenkelhalskopf zu unvollständig. Das kann durch eine oder Kombination mehrerer Ursachen ausgelöst werden.

Folgen sind Bewegungsprobleme, Abnutzung des Hüftapparates, Arthrose und starke Schmerzen für das Tier. Abhilfe kann in einigen Fällen eine Operation schaffen.

Da die Krankheit vererbt wird, kann sie allein durch züchterische Maßnahmen eingedämmt oder gar ausgerottet werden. Daß dies möglich ist, zeigt zum Beispiel die Hovawart-Zucht: Diese Rasse ist durch entsprechende Bemühungen HD-frei (deshalb emp-

fahl der Hannoversche Tiermediziner Prof. Wilhelm Wegner zur Blutauffrischung auch Hovawart-Einkreuzungen beim Golden Retriever).
Deutsche Golden Retriever werden in fünf Grupen eingeteilt:
HD-0 (HD-frei oder kein Hinweis auf die Krankheit), HD-1 (Verdacht auf HD), HD-2 (leichte HD), HD-3 (mittlere HD) und schließlich HD-4 (schwere HD).
Feststellbar ist das Leiden, das aus den schönen Hunden Krüppel machen kann, erst durch die Röntgenuntersuchung in einem Alter, in dem das Skelett bereits ausgewachsen ist. Der Käufer eines Welpen muß sich deshalb beim Züchter auf den Ahnenpaß verlassen, in dem der jeweilige HD-Grad der Eltern und Großeltern eingetragen ist. Außerdem vermelden die bereits zitierten Retriever-Jahrbücher regelmäßig die Ergebnisse der HD- (und anderer) Untersuchungen.
Eine Garantie dafür, einen HD-freien Hund zu kaufen, ist der Status der Elterntiere allerdings leider nur bedingt.

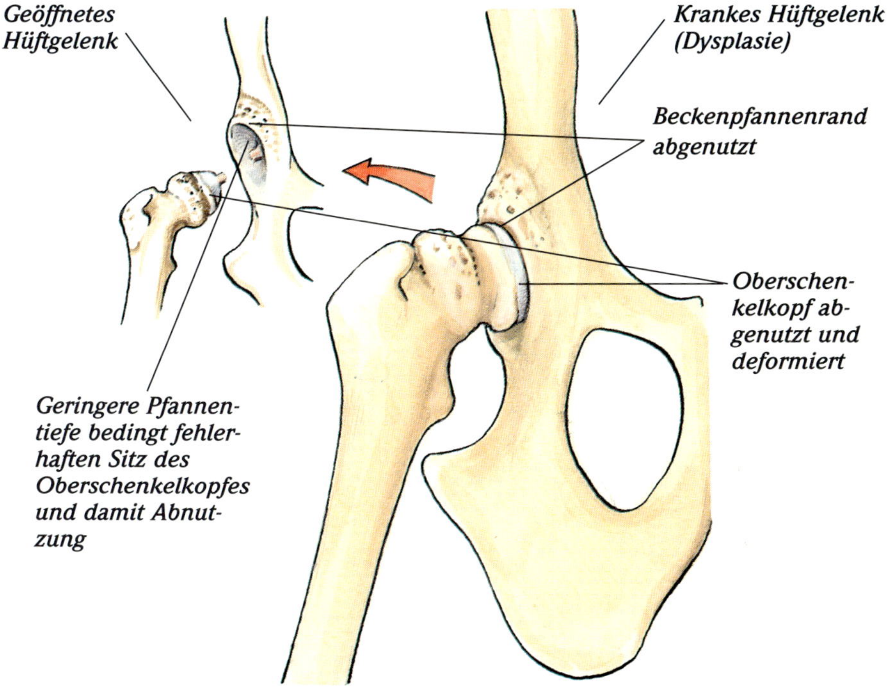

Ellenbogendysplasie (ED)

Auch dieses Leiden gilt als Erbkrankheit. Innerhalb des Ellenbogengelenks zeigt sich eine Störung in der Knorpel- bzw. Knochenstruktur, eine Wachstumsschwäche mit der Folge zunehmender Lahmheit im Ellenbogengelenk und Entzündungen. Das Leiden kann einseitig oder beidseitig auftreten. Genau wie HD schließt auch starke ED von der Weiterzucht aus.

Osteochondrose

Vermutlich lösen Ernährungsstörungen im Bereich des Schultergelenks diese schmerzhafte Knochennekrose aus. Sie beginnt mit feinen Knorpelrissen, denen später die Ablösung einer ganzen Knorpelplatte folgen kann. Medikamentöse Behandlung ist wenig erfolgreich, meist hilft nur eine Operation. Die Krankheit tritt meist bei Jungtieren unter einem Jahr auf.

Magendrehung

Durch eine Drehung des Magens werden die Zugänge zum Magen verschlossen, so daß Gärgase nicht entweichen können. Der Hund versucht vergeblich zu erbrechen.

Ohne sofortige Behandlung führt die Magendrehung innerhalb weniger Stunden zum Tod. Vorbeugende Maßnahmen sind zum Beispiel das Verteilen der Tagesration auf 3–4 kleinen Mahlzeiten, immer sorgfältiges Anfeuchten des Trockenfutters und einer ausgedehnten Ruhephase nach den Mahlzeiten. Keinesfalls dürfen Sie mit ihrem Hund nach dem Füttern ausgiebig toben!

Grauer Star

Diese Augenerkrankung, die in verschiedenen Formen auftreten kann, zeigt sich beim Golden meist als Typ *posterior polar sucapsular* (PPS, im Englischen als Hereditary cataract [HC] bezeichnet). Er äußert sich als Linsentrübung, die zu Sehkraftverminderung oder auch zu völliger Blindheit führt.

Die deutschen Golden-Clubs untersuchen inzwischen alle Zuchttiere, um diese Krankheit durch Selektionsmaßnahmen bei der Zucht aus der Rasse auszumerzen.

Entropium

Eine inzwischen seltener auftretende, aber immer noch in der Rasse vorhandene Augenkrankheit („Roll-Lid“). Dabei dreht sich der Lidrand nach innen, wobei die Wimpern auf dem Augapfel durch Druck und Kratzen Entzündungen hervorrufen. Befallen werden meist Jungtiere, eine Therapie ist nur chirurgisch möglich.

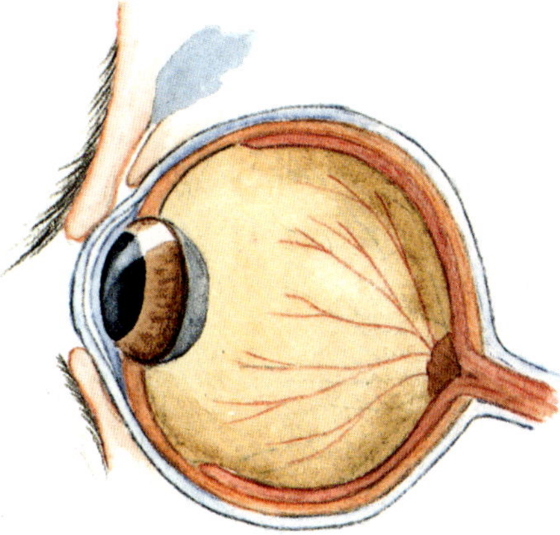

Auge mit normalem Lid

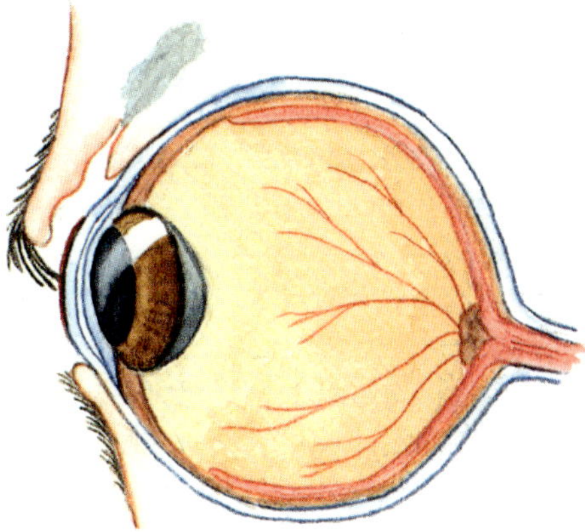

„Roll-Lid“ (Entropium)

Zucht und Gesundheit

Gesundheit und Abstammung, Typ und Wesen sind die entscheidenden Kriterien für eine Zulassung zur Zucht mit einem Golden Retriever. Nicht jeder schöne Rüde, nicht jede freundliche Hündin ist allein deswegen dafür geeignet. Hundezucht ist mehr als nur die Paarung von zwei Hunden.
Sie bringt Verantwortung mit sich – für das Schicksal der Welpen und für die Weiterentwicklung der Rasse. Dennoch geschieht sie häufig gedankenlos, aus edlen aber falschen Motiven. Und so wird spontan immer wieder aus einem Liebhaber ein „Züchter“, der sich nicht klargemacht hat, was zu dieser Aufgabe dazugehört: Verantwortung, Einfühlungsvermögen, finanzielle Opferbereitschaft, viel Platz und Zeit und sehr viel Wissen.
Wer von all dem ein wenig, aber nicht genug hat, sollte verzichten: Hundezucht ist kein Hobby zum Zeitvertreib, sondern eine ernsthafte Beschäftigung mit einer Tierart. Das Ergebnis heißt Leben, und auch wer dabei nur aus Irrtum sündigt oder Fehler macht, vergrößert das ohnehin schon gigantische Hundeelend, das Hundefabriken überall in der westlichen Welt anrichten.

Wie wird man Golden-Züchter?

Vom Liebhaber einer schönen Rasse zum Züchter ist es ein weiter Weg. Wer ihn gehen will, sollte sich zuvor bei Tierärzten, Züchtern und den Zuchtwarten der beiden zuständigen deutschen Clubs genau informieren. Er sollte Hundeausstellungen besuchen und vor allem viel lesen (siehe Literaturauswahl im Anhang).

Und er sollte sich immer vor Augen halten, was Dr. Emil Hauck, Nestor der österreichischen Hundezucht, schon 1932 schrieb: „Die wichtigste Pflicht des Züchters ist die Erhaltung der Lebenstüchtigkeit der Rasse. Sodann gilt es, Form und Leistung auf der Höhe zu halten, im Bedarfsfall sogar abzuändern und zu verbessern. Bevor gezüchtet wird, ist das notwendige Wissen zu erwerben."

Genau das tun kommerzielle Wildzüchter nicht, denen nur daran liegt am gegenwärtigen Golden-Boom teilzuhaben (siehe Seite 6–7).

Angeblich preisgekrönte Rüden aus den USA zum Beispiel, gelegentlich in Fachzeitschriften angeboten, stammen meist aus Staaten wie Kansas, Missouri, Iowa und Oklahoma. „Puppy Mills", Welpen-Mühlen, nennt Dr. Michael Fox, Wissenschaftler und Tierschützer, die Hundefabriken dort, die jährlich zu Tausenden körperlich und seelisch kranke Tiere produzieren. Ganz abgesehen von dem unsäglichen Leid, das damit Hunden und Menschen zugefügt wird, gefährden die Puppy-Mills auch in Holland, Dänemark und Deutschland die Gesundheit der Rasse.

Falls ein Krankheiten vererbendes Tier in seriöse Zuchtstämme gelangt, haben noch Generationen später Züchter, Hunde und deren Käufer an den Folgen zu tragen.

Besorgt versucht man deshalb in den Zuchtorganisationen die Ursachen für völlig Golden-untypische Verhalten zu entdecken wie im Fall des Golden-Rüden von RTL-Moderator Meiser, der mit Beginn der Geschlechtsreife zu grundlose Beißattacken neigte (siehe Seite 36). Einigkeit herrscht nur darüber, daß hier eine fatale Gen-Kombination die Stabilität des Rasse-Charakters bedroht.

Züchter von Cocker-Spaniels haben diese Erfahrung bereits hinter sich. Vor allem rote (aber auch schwarze) Cocker zeigten die Tendenz zu unkontrolliertem Verhalten. „Cocker-Wut" wurde die Krankheit genannt, nach der Beschreibung des englischen Tierarztes Dr. Roger Mugfort eine Art von „hündischer Schizophrenie" und „dramatischen Temperamentsumschwung" zum Negativen.

In seinem 1991 erschienenen „Casebook“ mit Fallstudien über Hundekrankheiten befürchtet er ein ähnliches, erblich bedingtes Leiden auch bei den Golden.

Das Problem schien damals, etwa Mitte der achtziger Jahre, nur Südwest-England zu betreffen, ist inzwischen aber international vorhanden. Wissenschaftler und Züchter sind sich über wirkungsvolle Gegenmaßnahmen nicht einig. So bezweifelt zum Beispiel die Kieler Hundeforscherin Dr. Dorit Feddersen-Petersen den Wert des Wesenstests (siehe Seite 18) und fordert einen wissenschaftlich fundierteren, effektiveren Aufbau des Tests. Wichtiges Ziel dabei ist es, die bisher im Wesenstest ermittelten Unterschiede zwischen angeborenem und anerzogenem, erworbenen Verhalten kritisch zu überprüfen. Zu wenig konkret sind hier die Befunde, um daraus eindeutige Rückschlüsse auf die Zuchttauglichkeit eines Golden zu ziehen.

Parasiten

Auch bei bester Pflege, einwandfreiem Futter und hygienischer Haltung sind Krankheiten nicht immer zu vermeiden. Vor allem Parasiten können Krankheiten übertragen oder Krankheitssymptome verursachen. Bei rechtzeitigem Erkennen der Erreger kann meist schnell Abhilfe geschaffen werden. In der Regel reicht eine Wurmkur. Ihren Welpen müssen Sie innerhalb seines ersten Lebensjahres etwa alle drei Monate einmal entwurmen (fragen Sie am besten Ihren Tierarzt). Vorbeugende Wurmkuren sollten mit einem erwachsenen Hund möglichst nicht gemacht werden.

Innere Schmarotzer (Endeo-Parasiten)

◆ *Spulwürmer (Ascariden)*

Starkes Haaren, stumpfes Haarkleid, Durchfall und Erbrechen, Apathie und

Müdigkeit deuten auf Spulwurmbefall hin. Welpen infizieren sich vor der Geburt über die Mutterhündin, spätestens aber über die Muttermilch.

◆ *Peitschenwürmer (Trichuridae)*
Appetitlosigkeit, Dauerdurchfall mit Blut- und Schleimspuren, dazu Apathie und blasse Schleimhäute können auf Peitschenwürmer hindeuten. Durch eine Kotuntersuchung kann der Tierarzt eine eindeutige Diagnose stellen.

◆ *Hakenwürmer (Ancylostomiden)*
Schlechtes Fell, Magerkeit und Durchfälle, Wunden im Rachenbereich und allgemeine Apathie signalisieren einen Befall mit Hakenwürmern.

◆ *Bandwürmer (Cestoden)*
Verschiedene Arten der Bandwürmer können im Hund ihren Endwirt finden. Wichtigste Symptome: Der Hund frißt gierig und in großen Mengen und magert dennoch ab. Im Kot des Tiers finden sich etwa ein bis anderthalb Zentimeter lange, rötlich oder weiß gefärbte Glieder des bis zu 45 cm langen Wurms. Dieser Parasit ist auch auf Menschen übertragbar. Gegen Bandwürmer brauchen Sie eine spezielle Wurmkur, da die übliche nicht ausreicht.

Äußere Schmarotzer (Ekto-Parasiten)

Der sorgsame Besitzer eines Golden wird den Befall mit Ekto-Parasiten bei seinem Hund bei regelmäßiger Fellpflege und am Verhalten des Tiers sowie an typischen Befallsfolgen feststellen.

◆ *Flöhe*
Auch der gepflegteste Golden kann von einem anderen Hund oder einem Wildtier (Igel u. a.) mit Flöhen infiziert werden. Diese Plagegeister verursachen nicht nur stark juckende Bißwunden, sondern können auf Hund und Mensch auch Bandwurm-Finnen übertragen. Ein Flohhalsband sollte man wegen der chemischen Belastung für das Tier nicht als Dauerlösung verwenden. Flohpulver hilft, sofern Sie daran denken, auch das Hundelager, seine Decke u. ä. zu desinfizieren. Bei starkem Befall ziehen Sie unbedingt den Tierarzt zu Rat.

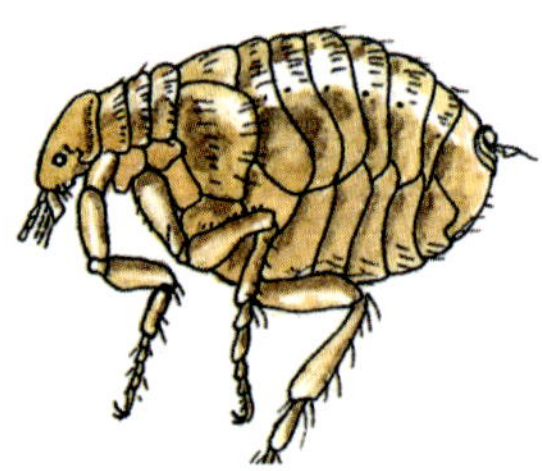

Floh

Hunde- und Katzenflöhe halten sich nämlich auch in der Umgebung des Tiers auf.

◆ *Zecken*

Leider ist der Golden mit seinem langen, dichten Fell für diese gefährlichen Parasiten ein ideales Wirtstier. Ein Spaziergang durchs Unterholz genügt schon, um einige dieser Blutsauger anzulocken. Bevorzugte Stellen sind Hals, Ohren, Augenpartie und Schenkelinnenseite, aber auch Nacken und Brust.

Zecken sind als Überträger von Infektionskrankheiten auf Tier und Mensch bekannt geworden sind. Den leicht zu entdeckenden Parasiten (vollgesaugt kann er fast erbsengroß werden) mit Öl beträufeln und sanft mit zwei Fingern oder einer Zeckenzange im Uhrzeigersinn herausdrehen – nicht abreißen! Ein in der Haut zurückbleibender Zeckenkopf verursacht Entzündungen.

Der chemischen Wirkstoffe wegen weniger zu empfehlen sind Zeckensprays und Dauerhalsbänder (die allenfalls bei einem Urlaubsaufenthalt in allen bekannten Zeckengebieten Süddeutschlands und Österreichs).

◆ *Milben*

Besonders zwei Milbenarten bedrohen den Hund: die Sarcoptes-Milbe löst Sarcoptes-Räude aus, die Demodex-Milbe verursacht die Demodex-Räude. Sarcoptes verursacht starken Juckreiz und nässende Hautveränderungen. Demodex führt nicht zu Juckreiz, kann aber Haarausfall bis zur Haarlosigkeit und schmierig nässende Hautfalten auslösen.

Bei Verdacht auf Milbenbefall (auch bei Raubmilben und Herbstgrasmilben) sollte der Tierarzt aufgesucht werden. Eine erfolgreiche Behandlung ist für Laien zu langwierig und zu schwierig.

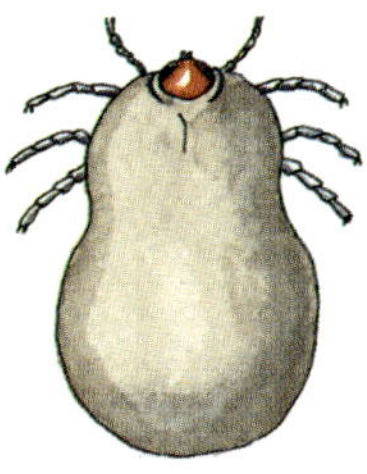

Zecke

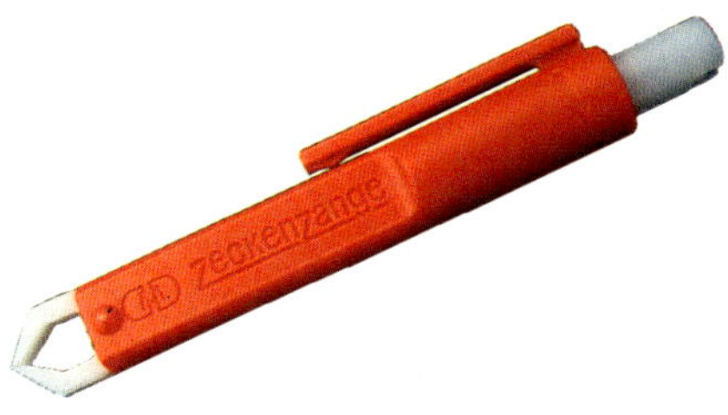

Zeckenzange

Unspezifische Symptome

Zuweilen zeigt Ihr Schützling deutliche Zeichen von Unwohlsein, die Sie nicht zu deuten vermögen, z. B.:

- Fieber (die Temperatur eines gesunden Golden liegt zwischen 37,5° und 38,5°, sie ist abends höher als am Morgen und beim Welpen höher als beim erwachsenen Hund). Gemessen wird sie mittels des eingefetteten Thermometers im After),
- häufiges Erbrechen und/oder starker Durchfall,
- auffallende Blässe bzw. Rötung der Schleimhäute von Rachen und Augen, Apathie, Desinteresse; der Hund wirkt matt und verkriecht sich,
- häufiges Husten und Niesen,
- verstärkter Speichelausfluß,
- auffallend großer oder zu wenig Appetit,
- besonders häufiges Trinken oder zu wenig,
- unnatürliche Bewegungsabläufe (hält den Kopf dauernd schief, schüttelt ihn, nagt an bestimmten Fellpartien, versucht, eine bestimmte Pfote nicht zu belasten, ist bis hin zum Schmerzjaulen allergisch gegen Berührungen).

Unser Tip

Gehen Sie mit Ihrem Hund im Zweifelsfall stets zu einem Tierarzt. Je eher ein Leiden erkannt und behandelt wird, desto beser für das Tier – und für Sie.

Wenn Sie eines oder sogar mehrere dieser Krankheitsanzeichen über einen längeren Zeitraum (24 Stunden) bei Ihrem Hund feststellen, sollte Sie das auf keinen Fall zögern, mit Ihrem Schützling sofort den Tierarzt aufzusuchen.
Sämtliches medizinische Zubehör und alle Medikamente (auch homöopathische!) sollten nur in Absprache mit dem Tierarzt in der Hausapotheke (vgl. Tabelle Seite 89) Aufnahme finden, die selbstverständlich einen Besuch beim Tierarzt nicht ersetzt.

Checkliste	***Hundeapotheke***

- *Fieberthermometer (im After messen, 37,8 °C – 38,5 °C sind nomal)*
- *Verbandzeug (Heftpflaster, Mull, Watte, Binden, elastische Binden)*
- *kleine Schere (zum Entfernen von Haaren bei Verletzungen)*
- *Pinzette (zum Beseitigen von Splittern, Fremdkörpern, auch zum Herausdrehen von Zecken geeignet)*
- *Alkohol (zum Reinigen und Desinfizieren von Wunden)*
- *vom Tierarzt empfohlene Desinfektionsmittel anderer Art*
- *Wurmabführpaste (vom Tierarzt), Abführmittel (z. B. Rizinusöl)*
- *Tierkohle (gegen Durchfall)*
- *Augensalbe und Augentropfen, Ohrensalbe oder Ohrentropfen*

Der alte Hund

Wer einen Hund ins Haus nimmt, mag nicht an Abschied denken. Doch aller Wahrscheinlichkeit nach wird er sein Tier überleben. Etwa 12 bis 15 Jahre kann ein Golden seinen Menschen schenken. Und die sollten in jedem Lebensalter des Tiers Rücksicht auf dessen Bedürfnisse nehmen. Mit ca. neun oder zehn Jahren läßt die Vitalität des Golden nach, Behäbigkeit stellt sich ein, gelegentlich auch die ersten altersbedingten Krankheiten. Augenlicht und Gehör lassen nach. Für den Golden, der in vertrauter Umgebung lebt, ist das kein Drama. Der noch immer gut funktionierende Geruchssinn gleicht solche Defizite aus. Beim Spaziergang und auf der Straße muß der Besitzer allerdings Rücksicht nehmen, um einen Unfall zu vermeiden. Und außerdem langsamer schreiten, denn Hunde-Senioren lieben es gemächlicher.

Haben Sie keine Sorge, daß nun die Zeit des langen, traurigen Abschieds kommt, in der Sie hilflos zusehen müssen, wie Ihr treuer Freund zusehends verfällt. In einer guten Mensch-

Hund-Beziehung ist jetzt auch die Zeit, in der die Bindung des Tiers an seinen Menschen immer enger wird. Gebote und Verbote sind nun immer seltener nötig. Fast ohne jedes Wort verstehen sich Herr und Hund. Der alte Spruch, daß die beiden mit den Jahren einander immer ähnlicher werden, ist nicht so einfach von der Pfote zu weisen.

Herr und Hund können sich meist schon durch kleine Gesten, wenige Laute und auf ein Minimum reduzierte Reste der wilden Spiele aus den jungen Jahren gegenseitig eine Freude machen. Zumindest der Hund tut's dann manchmal mit ganz erstaunlicher Vitalität, und sein Mensch sollte es ihm zumindest an Intensität gleichtun.

Bis zum letzten Tag. Leider hört ein Hundeherz nicht immer einfach auf zu schlagen, wenn es an der Zeit ist. Manchmal muß nachgeholfen werden, in der Regel dann, wenn ein unheilbar auf den Tod erkranktes Tier nur noch leidet. Dann sollte man ihm die Gnade des schnellen, sanften Todes gewähren und ihn beim Tierarzt, der ganz gewiß auch dazu raten wird, einschläfern lassen. Wenn nur noch Pein und Schmerzen ein Hundeleben ausmachen, ist der Moment des Abschieds gekommen.

Sehr bewegend und würdevoll hat vor Jahren der große, verstorbene Hundefreund Ulrich Klever die Todesstunde seines Bassets Henry nach einer Spritze beschrieben:

„Henry schlief ein, schnell und ruhig. Sein letzter Atemzug war tief wie immer, wenn er zufrieden war. Nie vorher sah er so natürlich schlafend aus. Als ich ihn in die Decke wickelte, auf der er viele Jahre geschlafen hatte, war er mir für einen Augenblick näher als je zuvor. Er war noch einmal ganz mein Hund, bevor ich ihn für immer verlor.“

Anhang

Literatur

Golden Retriever

Busch, Patricia: Golden Retriever, Mürlenbach 1990

Schneidermann, Brigitte: Retriever, München 1994

Timson, Marigold: Golden Retriever, Mürlenbach 1990

Ting, Gereon: Kleine Retrieverschule, Bad Münder 1994

Ting, Beate und Gereon: Kleine Welpenschule, Bad Münder 1995

dies.(Hrsg.): Retriever 1994, Bad Münder 1995

Tudor, Joan: The Golden Retriever, London 1987

Wild, Rosemarie: Flat Coated Retriever, CH-Cham, 1993

Vogel, Hilary: Golden und Labrador Retriever, Hamburg 1991

Hundeerziehung

Birr, Uschi: Erfolgreiche Hundeerziehung, Niedernhausen 1995

Fleig, Dieter: Kynos Hundefibel, Mürlenbach 1992

Hallgren, Anders: Lehrbuch der Hundesprache, Reutlingen 1994

Klinkenberg, Tillmann: Hundeerziehung ohne Zwang, Melsungen 1979

Ochsenbein, Urs: Der neue Weg der Hundeausbildung, Zürich 1979

Ochsenbein, Urs: ABC für Hundebesitzer, Zürich 1989

Woodhouse, Barbara: Hunde-Erziehung leicht gemacht, Zürich 1989

Hundezucht

Fleig, Dieter: Die Technik der Hundezucht, Mürlenbach 1987

Aldington, Erich H.W./Sieber, Ilse: Hundezucht naturgemäß, Weiden 1984

Allgemeine Literatur

AKC (Hrsg.): The Complete Dog Book, New York 1992

Beckmann, Susanne und Gudrun: Vom aufrechten Menschen zum Hundehalter, Gießen 1994

Beckmann, Ludwig: Geschichte und Beschreibung der Rassen des Hundes, Braunschweig 1894

Bergler, Reinhold: Warum Kinder Tiere brauchen, Freiburg 1994

Brunner, Ferdinand: Der unverstandene Hund, Melsungen 1981

Wilcox, Bonnie/Walkowicz, Chris: The Atlas of Dog Breeds of the World, Neptune City/NJ 1993

Zimen, Erik: Der Hund, München 1988

Bürger, Manfred: Lexikon der Hundehaltung, Hannover 1988

Feddersen-Petersen, Dorit: Hundepsychologie, Stuttgart 1986

Feddersen-Petersen, Dorit: Hunde und ihre Menschen, Stuttgart 1992

Klever, Ulrich: Knaurs Großes Hundebuch, München 1982

Mugfort, Roger: From Mongrels to Royal Corgis – Dr. Mugford's Casebook, London 1991

Niemand, Hans G.: Praktikum der Hundeklinik, Hamburg 1980

Räber, Hans: Enzyklopädie der Rassehunde (Bd. 2), Stuttgart 1995

Shook, Larry: The Puppy Report, New York 1992

Strebel, Richard: Die Deutschen Hunde, München 1903 – 1905

Trumler, Eberhard: Mit dem Hund auf du, München 1981

Trumler, Eberhard: Das Jahr des Hundes, Mürlenbach 1984

Wegner, Wilhelm: Kleine Kynologie, Konstanz 1979

Hundeernährung

Brehm, Helga: Gesunde Ernährung für Hunde, Stuttgart 1993

Meyer, Helmut: Ernährung des Hundes, Stuttgart 1990

Adressen

Deutscher Retriever Club e.V.
Geschäftstelle: Dörnhager Straße 13
34302 Cuxhagen
Tel.: 05665-2774

Golden Retriever Club e.V.
Geschäftsstelle: Kolpingstraße 22
48324 Sendenhorst
Tel.: 02526-2007

Romney's
Postfach
31848 Bad Münder
Tel.: 05042-8 94 24.
(Verlag für Retriever-Jahrbücher)

Register

Zum Thema „Hunde“ sind im FALKEN Verlag u. a. bereits erschienen:
„Hundekrankheiten“ (Nr. 1604), „Hundeernährung“ (Nr. 811)
„Erfolgreiche Hundeerziehung“ (Nr. 4808, auch als Video unter der Nr. 6198 erhältlich)
„Komm! Sitz! Platz!“ (Nr. 1469)

Die Deutsche Bibliothek – CIP-Einheitsaufnahme

Wolffen, Peter:
Golden Retriever : Anschaffung, Haltung, Erziehung /
Peter Wolffen. – Niedernhausen/Ts. : FALKEN, 1996
ISBN 3-8068-1643-3

ISBN 3 8068 1643 3

Umschlaggestaltung: Peter Udo Pinzer
Layout: David Barclay, Neu-Anspach
Titelbild und Umschlagrückseite: Christine Steimer, Wölfersheim
Fotos: Irene Schwarz, Nürtingen: S.11 o. li.; **Bildagentur IPO ,** Linsengericht: S. 60 u. li.; **Joachim M. Huber**, Alzey: S. 87 u. re.; alle übrigen Fotos **Christine Steimer**, Wölfersheim
Zeichnungen: Gerhard Scholz, Dornburg: S. 14, 80/81; Gabriele Hampel, Kelkheim: S. 83, 86, 87; alle übrigen Zeichnungen Andrea Salisch, Wiesbaden
Redaktion und Herstellung: VerlagsService Dr. Helmut Neuberger & Karl Schaumann GmbH, Heimstetten

Satz: VerlagsService Dr. Helmut Neuberger & Karl Schaumann GmbH, Heimstetten
Druck: Druckhaus Cramer, Greven

817 2635 4453 6271